职业教育精品在线开放课程配套教材

高等职业教育新形态一体化教材

单片机技术应用

赵宇明　主编

庄明凤　苏燕萍　副主编

于　海　主审

化学工业出版社

·北京·

内 容 简 介

本书根据当前职业教育新形势发展要求，结合党的二十大精神编写。全书采用项目导向、任务驱动的编写模式，通过任务的完成，可以逐步提升学生的编程能力和解决问题的能力，每个任务都涵盖了相关的基础知识和技能。本书主要涵盖 4 个项目：制作流水灯、交通灯控制、简易抢答器设计与制作、全自动洗衣机控制系统设计与制作，每个项目都以实际应用场景为背景，学习过程由浅入深，使得学习过程更加贴近实际应用。本书可作为职业院校电子类相关专业的教材。

图书在版编目（CIP）数据

单片机技术应用 / 赵宇明主编. -- 北京 ：化学工业出版社，2025．7. --（高等职业教育新形态一体化教材）. -- ISBN 978-7-122-47917-4

Ⅰ．TP368.1

中国国家版本馆 CIP 数据核字第 2025VF6973 号

责任编辑：潘新文　　　　　　　　文字编辑：宋　旋
责任校对：边　涛　　　　　　　　装帧设计：韩　飞

出版发行：化学工业出版社
　　　　　（北京市东城区青年湖南街 13 号　邮政编码 100011）
印　　装：河北鑫兆源印刷有限公司
787mm×1092mm　1/16　印张 12¼　字数 272 千字
2025 年 8 月北京第 1 版第 1 次印刷

购书咨询：010-64518888　　　　　售后服务：010-64518899
网　　址：http://www.cip.com.cn
凡购买本书，如有缺损质量问题，本社销售中心负责调换。

定　　价：42.00 元　　　　　　　　版权所有　违者必究

前　言

　　单片机技术应用是职业院校电子、机电、电气自动化等专业的一门重要课程，也是一门实践性很强的课程。随着微电子技术和计算机技术的不断发展，单片机的应用越来越广泛，从智能仪器、家电产品到航空航天设备等各个领域都有广泛应用。

　　本书结合党的二十大精神，贯彻落实立德树人根本任务，推动职业教育高质量发展，以培养学生实践能力和创新能力为目标，注重理论与实践相结合，通过案例分析、项目设计等方式提高学生的实际操作能力。同时，书中还加入了对新技术和新应用的介绍，让学生了解最新的单片机技术和应用场景。

　　本书分为 4 个项目，学习过程由浅入深，采用项目导向、任务驱动的编写模式，每个项目都以实际应用场景为背景，案例来自厦门立林科技有限公司和厦门市视贝有限公司的具体应用，通过完成特定的任务来学习相关的知识和技能。这种编写方式使得学习过程更加贴近实际应用，增强了学习的针对性和实用性。同时，本书的编程语言采用 C 语言，这是一种广泛应用的编程语言，具有高效、简洁、易学易懂的特点，适合初学者快速上手。

　　每个项目都分为多个任务，每个任务都涵盖了相关的基础知识和技能，通过任务的完成，可以逐步提升学生的编程能力和解决问题的能力。同时，本书还注重实践和应用，通过大量的实例和案例来帮助学生理解和掌握相关知识，使得学生能够更好地将所学知识应用到实际应用中。此外，本书还注重启发式教学，通过问题引导和思考题等方式来引导学生主动思考和探索，培养学生的自主学习能力和创新思维能力。本书还配备了丰富的配套资源，包括实验指导书、教学 PPT、电路图与源程序等。

　　本书由集美工业学校智能控制产业系赵宇明担任主编，集美工业学校庄明凤、苏燕萍老师担任副主编，河南化工技师学院于海任主审。其中庄明凤编写了本书的项目 1 及项目 2，苏燕萍编写了项目 3，赵宇明编写了项目 4 和附录。厦门南洋学院邹少琴、武平职业中专学校陈霜冰、厦门市海沧职业学校王剑飞、厦门信息学校李剑晶、厦门同安职业学校郭秀凤、厦门集美职业技术学校张长春、河南化工技师学院王帅、郭坤等参与编写。

　　由于编者水平有限，时间仓促，书中难免有不足之处，敬请广大读者批评指正。

赵宇明

2025.4

目　录

制作流水灯

【项目情境描述】

学生：哇，老师，好神奇啊，灯是怎么亮的呢？

老师：灯是由单片机控制其点亮的，接下来就让我们开启单片机的学习之旅吧！

提起单片机，大家可能会觉得既神秘又深奥，但实际上我们的生活都已离不开它，如手机、电脑键盘及全自动洗衣机等设备的控制部分就是由单片机实现的。事实上，单片机的开发应用也不会有多少困难，下面就从最简单的例子入手——制作流水灯，如图 1-1 所示。

图 1-1　流水灯

随着现代科学技术的持续进步和发展以及人们生活水平的不断提高，以大规模、超大规模集成电路为首的电子工艺技术的使用越来越广泛，结合单片机技术设计的电子电路也层出不穷。LED 彩灯由于其丰富的灯光色彩、低廉的造价以及控制简单等特点而得到了广泛的应用，用彩灯来装饰街道和城市建筑物已经成为一种时尚。利用控制电路可使彩灯按一定的规律不断地改变状态，不仅可以获得良好的观赏效果，而且可以省电。

任务1 开关控制指示灯

【任务导入】

按下开关指示灯亮，开关断开指示灯灭。

【任务目标】

知识目标

（1）了解单片机的定义、特点及用途。

（2）理解 MCS-51 内部基本结构及资源。

（3）掌握 MCS-51 单片机外部引脚和端口特性。

技能目标

（1）能在 MedWin 中创建源程序文件并生成 .HEX 目标文件。

（2）会使用 Protues 绘制电路图并运行程序。

（3）掌握项目开发过程。

素养目标

（1）文明、规范操作，培养良好的职业道德与习惯。

（2）培养团结协作的精神、认真细致的工作态度。

【任务组织形式】

采取以小组（2个人一组）为单位的形式互助学习，有条件的每人一台电脑，条件有限的可以两人合用一台电脑。用仿真实现所需的功能后，如果有实物板（或自制硬件电路），可把程序下载到实物板上再运行、调试，学习过程中鼓励小组成员积极参与讨论。

【任务实施】

一、创建硬件电路

实现开关控制指示灯的电路原理图如图 1-2 所示，系统对应的元器件清单如表 1-1 所示。

表 1-1　指示灯控制系统元器件清单

元器件名称	参数	数量	元器件名称	参数	数量
单片机	89S52	1	电阻	1kΩ	1
IC 插座	DIP40	1	电阻	200Ω	1
晶体振荡器	12MHz	1	瓷片电容	33pF	2
弹性按键	—	2	电解电容	22μF	1
发光二极管	—	1			

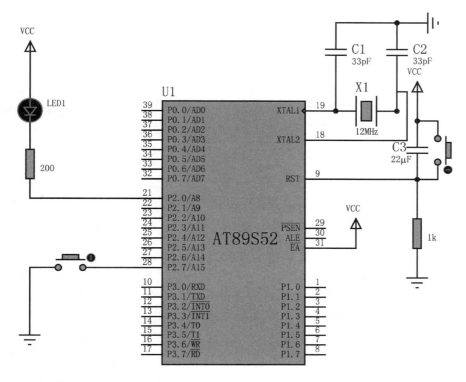

图 1-2 开关控制指示灯电路原理

电路说明：

① 51 单片机一般采用＋5V 电源供电。

② 51 单片机 RST 引脚用于接收复位信号，通电时 RST 端保持几十微秒的高电平就能使 51 单片机内部各部件处于初始状态（复位）。

③ 51 单片机 XTAL1 与 XTAL2 用于引入外部振荡脉冲。对于单片机而言，它就如同人的心脏起搏器，没有这一振荡信号单片机就不能工作。时钟电路中的电容一般取 30pF 左右，晶体的振荡频率范围为 1.2～24MHz，通常情况下 MCS-51 单片机使用的振荡频率为 6MHz 或 12MHz，在串口通信系统中则常用 11.0592MHz。

具备了以上三个基本条件，单片机就可以工作了，因此也把这一系统称为最小应用系统。

电路中发光二极管阴极接 P2.0，工作时通过 P2.7 引脚读取开关状态信号，再由此状态信号决定 P2.0 引脚的输出以控制指示灯的亮或灭，P2.0 输出"0"灯亮、输出"1"灯灭。

二、程序编写

1. 编写的程序

开关控制指示灯程序编写如表 1-2 所示。

表 1-2　开关控制指示灯的程序

行号	程序
01	/＊ proj1. c ＊/
02	＃include ＜REG52. H＞
03	sbit SW＝P2＾7;
04	sbit LED＝P2＾0;
05	main()　　　　//主函数
06	{
07	while(1)
08	LED＝SW;　　　//将开关信号直接赋给指示灯
09	}

2. 程序说明

① 01 行：注释行——说明程序名为"proj1. c"，方便阅读，与程序运行无关。

【温馨提示】

C 语言中有两种注释，一种是以"/＊"开头，以"＊/"结束，括在这两者之间的全部是注释，既可以写在一行，也可以写在多行；另一种是以"//"开头为单行注释，其后的内容为注释，直到本行结束。如上面程序中的 05、08 行。

② 02 行：文件包含命令，属于"宏定义"命令，"＃include"为关键字，"REG52. H"称为头文件，在 C51 中必须包含此头文件（可以用"REG51. H"头文件代替），因为这一文件中包含对单片机 I/O 口和特殊功能寄存器的一些定义。

③ 03～04 行：sbit 为特殊功能"位"标识符定义，用于同端口引脚相联系，"SW"和"LED"是用户自定义的名称，定义后就可以在程序中分别用于代替 P2 口的 P2.7 脚和 P2.0 脚（程序中必须写成"P2＾7""P2＾0"），分号";"是 C 语言语句结束符。使用标识符的目的是增强程序的可读性。

【温馨提示】

宏定义命令无须加";"结束。

④ 05～09 行：定义 main（）函数，main 为主函数名，每个函数后面都必须加一对圆括号，而其后花括号里面的语句则是函数的"内容"。

⑤ 07～08 行：while 循环，while 后圆括号中放入循环条件，当条件成立时就执行其后花括号内的循环体程序，条件不成立时就退出 while 循环。而循环条件"1"代表条件恒为真，其循环体内的程序将被一直执行，这样的循环也被称为死循环。

08 行中的等号"＝"在 C 语言中表示赋值，其含义是把右边表达式的值赋给左边的标识符（变量）。事实上这一行也是整个程序的核心部分，它是循环体的主体，由于条件恒为"真"，程序会反复读取 SW 状态的值（开关闭合时引脚接地为低电平，其值为"0"，相关的开关断开时其值为"1"）并将其赋给 LED，每当 SW 改变，LED 就会跟着改变，从而实现了开关 SW 对指示灯 LED 的控制。

【温馨提示】

当循环体只有一条语句时不用花括号；赋值号不同于数学上的等号，其两边互换不成立。如果是两行或者两行以上需要添加花括号。

三、创建程序文件并生成 . HEX 文件

Keil C51 软件是众多单片机应用开发的优秀软件之一，它集编辑、编译、仿真于一体，支持汇编，以及 PLM 语言和 C 语言的程序设计，但因其为英文界面，对中职学生来讲不易上手。而 MedWin 为中文界面，易学易用，又以 Keil C51 为内核，为此，下面就以 MedWin 来介绍程序的创建及编译。

① 启动 MedWin，之后将出现图 1-3 所示的编辑界面。

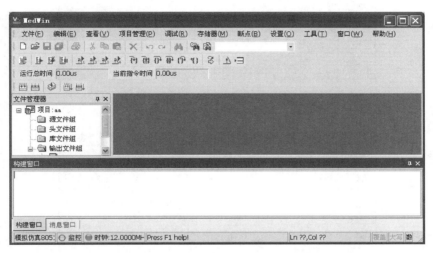

图 1-3　进入 MedWin 后的编辑界面

② 建立一个新项目。单击"项目管理"菜单，在弹出的下拉菜单中选中"新建项目（N)..."选项，如图 1-4 所示。

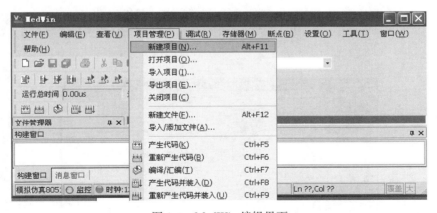

图 1-4　MedWin 编辑界面

进入新建项目第 1 步：选择设备驱动程序名，在此选择"80C51 Simulator Driver"，如图 1-5 所示，然后单击下一步。

进入新建项目第 2 步：为项目选择编译器，按图 1-6 所示选择后单击下一步。

进入新建项目第 3 步：如图 1-7 所示，选择项目存放位置，输入项目名称。对新建项目后续的步骤可暂时忽略，在此输入新建项目名称后即可单击"完成"。

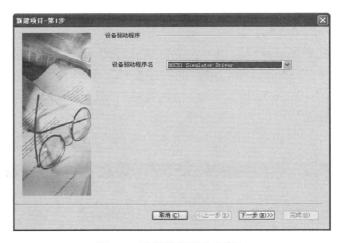

图 1-5　选择设备驱动程序名

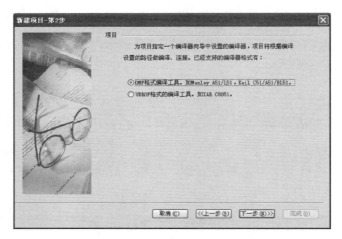

图 1-6　选择编译器

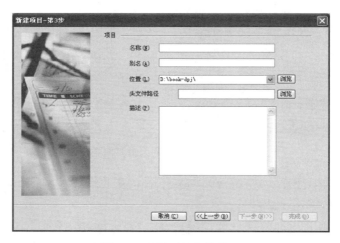

图 1-7　选择项目存放位置

【温馨提示】

在创建项目文件之前，最好先建立一个用于存放工程文件及源程序等文件的文件夹，以便用于存放本工程的相关文件。

完成上一步骤后，屏幕如图 1-8 所示，至此新项目已建好，接下来要在项目中创建源程序文件，再进行编译和调试。

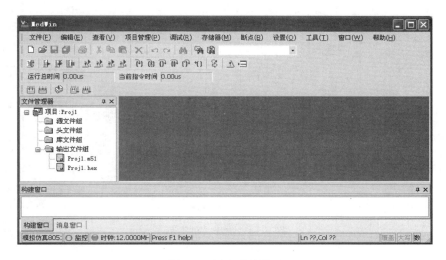

图 1-8 新建项目界面

③ 在项目中新建源程序文件。

在图 1-8 中，选择窗口左边"文件管理器"→"项目：proj1"→"源文件组"，右击后将出现图 1-9 所示的快捷菜单，选择"新建文件"。

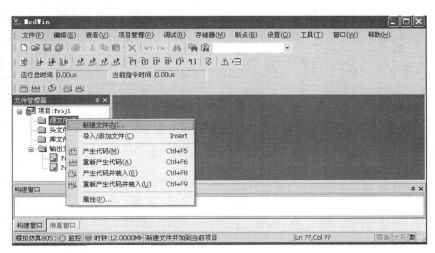

图 1-9 新建程序文件

之后将出现新建文件向导，选择文件类型为"C 语言程序"并输入文件名，如图 1-10 所示。对新建文件后续的步骤可暂时忽略，本界面选择好后即可单击"完成"。

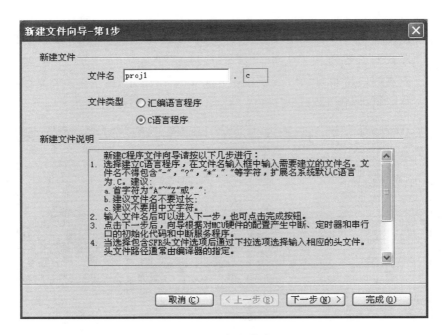

图 1-10　选择文件类型

此时光标在编辑窗口里闪烁，并自动生成三条宏命令，如图 1-11 所示。这时可以键入用户编写的程序了。

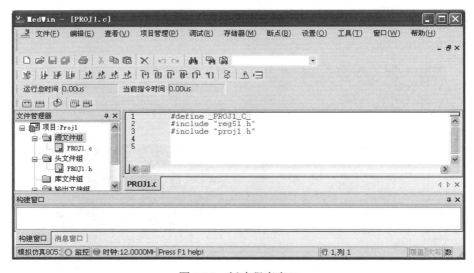

图 1-11　新建程序窗口

【温馨提示】

所创建的文件将自动存放在本项目文件夹之下。也可把已建好的程序文件添加到项目中——方法是：在图 1-9 所示界面中的快捷菜单中选择"导入/添加文件"。

④ 输入程序并编译生成 .hex 目标文件。输入源程序：在图 1-11 中输入前面所编写的源程序，结果如图 1-12 所示。

图 1-12 输入源程序界面（1）

【温馨提示】

MedWin 具有自动识别关键字、自动添加右括号，以及输入过程的自动感知及提示功能，并以不同的颜色提示用户加以注意，同时还会自动进行格式调整，这样能使操作者少犯错误，有利于提高编程效率。

在图 1-12 的主菜单中单击"项目管理"→"产生代码（快捷键 Ctrl＋F5）"（或者选择"重新产生代码"或"产生代码并装入"或"重新产生代码并装入"，或使用工具栏上相应的按钮），如图 1-13 所示，即可对源程序进行编译。

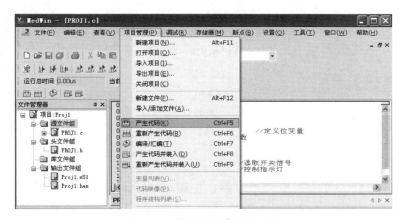

图 1-13 输入源程序界面（2）

【温馨提示】

如果仅仅是为了编译后生成 .hex 文件就用"产生代码"或者选择"重新产生代码"，但如果还要在 MedWin 环境中仿真运行则必须选择"产生代码并装入"或"重新产生代码并装入"。

编译过程是自动进行的，编译过程中会在信息窗口出现一些提示信息，如图 1-14 所示。若编译不成功将显示相应的错误信息及警告信息，如果显示"0 WARNING(S)，0 ERROR(S)"则说明编译成功。

```
========================产生代码========================
正在编译文件："D:\book-dpj\Proj1\PROJ1.c"...
   <编译器提示>编译完成!
正在连接项目："Proj1"...
   <连接命令行> D:\dpj\Keil\Keil\C51\BIN\BL51.EXE PROJ1.obj TO Proj1.omf  RAMSIZE(128)
   <连接器提示> BL51 BANKED LINKER/LOCATER V5.00 - SN: K1PRP-MWVI9E
   <连接器提示> COPYRIGHT KEIL ELEKTRONIK GmbH 1987 - 2002
   <连接器提示> Program Size: data=9.1 xdata=0 code=25
   <连接器提示> LINK/LOCATE RUN COMPLETE.  0 WARNING(S),  0 ERROR(S)
正在生成代码输出文件...
   <代码输出提示>代码文件输出到:"D:\book-dpj\Proj1\Output\Proj1.hex"。
```

构建窗口	消息窗口				
模拟仿真805: ○ 监控 ◎ 时钟:12.0000MH- 编译/汇编、连接产生全部代码			行 14,列 1	覆盖 大写 数

图 1-14　编译过程中提示的信息

【温馨提示】

编译过程将会对语法进行检查，如果存在语法上的错误，编译器将提示相应的错误信息。但编译器并不能检查出程序中的所有错误，尤其是程序逻辑方面的错误，这就需要编程人员通过调试及仿真进行查错并修改。

在 MedWin 中编译成功后的目标文件将自动存放到项目文件夹下的 Output 子目录中。

四、运行程序观察结果

如果有实物板可把程序下载到实物板上再运行、调试。也可以根据图 1-2 与表 1-1 提供的原理图与器件清单在万能板上搭出电路后，再把已编译所生成的 .hex 文件下载到单片机中，然后再调试运行。

即使有实物电路，用 Proteus ISIS 仿真运行也是一种前期调试的不错选择。下面就主要说明在 Proteus ISIS 上仿真运行的方法。

Proteus ISIS 仿真具有直观的特点，且能仿真很复杂的电路。其使用过程是先绘制出电路原理图，再将编译生成的 .hex 目标文件添加到单片机属性中，就可以运行了。

【知识链接】

一、单片机基础知识

1. 认识单片机

在一片集成电路芯片上集成微处理器、存储器、I/O 接口电路，从而构成的单芯片微型计算机，即单片机。常见的 51 单片机的典型外观如图 1-15 所示。

图 1-15　STC89C52 实物图

【问与答】

问：既然单片机就是一种微型计算机，那是否买来就能使用呢？

答：单片机是一种微型计算机，但它只是具备了控制、运算与存储的基础。单片机的本质是通过执行相应的程序而实现对 I/O 的控制，所以光有单片机而没有给它相应的程序，它是无法工作的。而且要能正常工作，还必须有相应外围电路的支持。

单片机应用系统：给单片机配上一定的外围电路，并根据不同的应用编写相应程序并把程序写入单片机的程序存储器中才能真正发挥单片机的应有功能，这样才能构成一个完整的单片机应用系统。

2. 单片机的主要特点及用途

（1）单片机的主要特点

单片机的主要特点是体积小、价格低、易于产品化、可控性强和可靠性高。

① 猜一猜：一片普通的单片机大约是多少钱？在我们的身边有单片机应用的影子吗？

② 联系生活实际，单片机有哪些用途？

（2）单片机的用途

工业控制：单片机可以用于各种工业控制系统和数据采集系统，如数控机床、自动生产线控制、电机控制、温度控制等。

仪器仪表：单片机可以用于智能仪器、医疗器械、数字示波器等精密仪器中，实现仪器仪表的数字化、多功能化、微型化。

计算机外部设备与智能接口：单片机可以用于图形终端机、传真机、复印机、打印机、绘图仪、磁盘/磁带机、智能终端机等计算机外部设备和智能接口。

商用产品：单片机可以用于自动售货机、电子收款机、电子秤等商用产品中，实现智能化管理和控制。

信息通信技术领域：单片机的通信接口为单片机在计算机网络与通信系统、设备的应用提供了硬件支持。

智能交通系统：交通领域中的交通灯控制、监控设备的控制、智能传感器等都需要单片机进行智能化管理和控制。

家用电器：单片机体积小、价格低廉、具有定时器/计数器且控制功能强，广泛应用于家电设备中，如全自动洗衣机、电饭煲、微波炉、空调和视频音像设备等，实现智能化控制和多功能化，从而使人们的生活更舒适方便。

单片机已广泛应用于智能仪表、智能传感器、智能机电产品、智能家用电器、汽车及军事电子设备等应用系统中，可以说它已深入到社会的各个领域。

3. 单片机的分类

单片机的分类可以根据其体系结构、应用领域和特点进行划分。以下是几种常见的分类方式。

（1）根据体系结构分类

SCM 即单片微型计算机（Single Chip Microcomputer），是寻求最佳的单片形态嵌入式系统的最佳体系结构。

MCU 即微控制器（Micro controller Unit），是将计算机的主要部件都集成在一块芯片上的单芯片微型计算机。

（2）根据应用领域分类

通用单片机：用途广泛，程序可以不断修改，适用于各种领域，具有通用的输入输出接口和指令集。

专用单片机：用途专一，针对特定应用领域进行优化设计，例如用于工业控制、智能家居、物联网等领域的单片机。

（3）根据特点分类

AVR 单片机：AVR 单片机是 Atmel 公司的产品，是一种精简指令型单片机，执行速度是 8 位 MCU 中最快的一种单片机（相同的振荡频率下）。

PIC 单片机：PIC 单片机是 Microchip 公司的产品，也是一种精简指令型的单片机，指令数量比较少，中档的 PIC 系列有 35 条指令，低档的仅有 33 条指令。

51 系列单片机：51 系列单片机最早由 Intel 公司推出，主要有 8031 系列、8051 系列等，比较适合初学者的需要。

此外，根据制造工艺，单片机可分为 TTL 型和 CMOS 型；根据存储器类型，单片机可分为掩膜型、OTP 型和 EPROM 型等。不同类型单片机的特性和应用场景有所不同，选择合适的单片机需要考虑具体需求和应用场景。

二、MCS-51 单片机

单片机属于专用计算机，其种类繁多，尤其以 MCS-51 为内核的系列单片机是应用方面的主流产品，图 1-16 为 80C51 主要产品资源配置。

系列	片内存储器(字节)			片内RAM	定时器计数器	并行I/O	串行I/O	中断源
	片内ROM							
	无	有ROM	有EPROM					
Intel MCS-51 子系列	8031 80C31	8051 80C51 (4K字节)	8751 87C51 (4K字节)	128 字节	2×16	4×8位	1	5
Intel MCS-52 子系列	8032 80C32	8052 80C52 (8K字节)	8752 87C52 (8K字节)	256 字节	3×16	4×8位	1	6
ATEML 89C系列 (常用型)	1051(1K)/2051(2K)/4051(4K) (20条引脚DIP封装)			128	2	15	1	5
	89C51(4K)/89C52(8K) (40条引脚DIP封装)			128/256	2/3	32	1	5/6

图 1-16　80C51 主要产品资源配置

MCS-51 单片机是一种集成的电路芯片，采用超大规模集成电路技术，将具有数据处理能力的中央处理器 CPU、随机存储器 RAM、只读存储器 ROM、多种 I/O 口和中断系统、定时器/计时器等功能集成到一块硅片上，构成了一个小而完善的计算机系统。

　　MCS-51 单片机的内核是 8051CPU，CPU 的内部集成有运算器和控制器，运算器完成运算操作（包括数据运算、逻辑运算等），控制器完成取指令、对指令译码以及执行指令。

　　目前 51 系列产品中典型的有 AT89C51、AT89C52、AT89S51、AT89S52 等。

1. MCS-51 内部基本结构及资源

（1）MCS-51 内部基本结构

MCS-51 内部基本结构如图 1-17 所示。

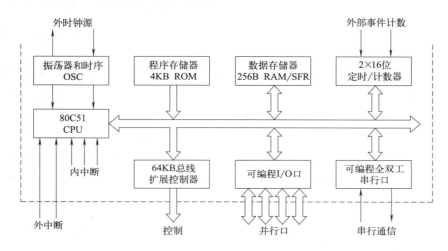

图 1-17　MCS-51 内部基本结构

（2）基本资源

　　① 中央处理器（CPU）：由运算器和控制器组成，同时还包括中断系统和部分外部特殊功能寄存器。

　　② 内部数据存储器 RAM：用以存放可以读写的数据，如运算的中间结果、最终结果以及欲显示的数据；8051 内部共有 256 个 RAM 单元，其中，高 128 个单元被专用寄存器占用，低 128 个单元供用户使用。

【温馨提示】

通常所说的内部数据存储器是指低 128 个单元。

　　③ 内部程序存储器 ROM：用以存放程序、一些原始数据和表格，通常情况下只能读不能改写，8051 内部共有 4KB ROM。

【温馨提示】

为节省紧缺的 RAM 空间，对程序中固定的数据及表格宜存放在程序存储器中。

　　④ 并行 I/O 口：四个 8 位并行 I/O 口，称为 P0、P1、P2、P3 口，既可用作输入，也可用作输出。

　　⑤ 定时/计数器（T/C）：两个定时/计数器，既可以工作在定时模式，也可以工作在计数模式。

　　⑥ 中断系统：五个中断源的中断控制系统。

⑦ 串行口：一个全双工 UART（通用异步接收发送器）的串行 I/O 口，用于实现单片机之间或单片机与微机之间的串行通信。

⑧ 时钟电路：MCS-51 内部有时钟电路，只需外接石英晶体和微调电容即可。

【小课堂】

将 MCS51 单片机比作一个大家庭，CPU 的控制器和运算器可以视为家庭中的两位大家长。其他组件如 RAM、ROM、I/O 口等则如同家庭中的其他成员，每个成员都有其特定的职责和功能，共同维护整个家庭的运转。

家族合作与社会协作：单片机内部各个组件之间的合作与协调，可以类比为人类社会中的协作精神。如同在家庭中，家长需要与家庭成员进行沟通、协调，单片机中的各个组件也需要相互配合，协同完成任务。这个比喻可以引导学生理解团队协作的重要性，培养他们的团队协作能力。

家庭价值观与职业道德：单片机内部结构的严谨与有序，可以类比为工作中的严谨态度和职业道德。家长在家庭中需要承担责任，尽职尽责地照顾家庭成员，单片机中的每个组件也需要承担自己的责任，尽其所能地完成自己的任务。这个比喻可以引导学生理解职业道德的基本要求，培养他们的责任感和敬业精神。

家庭关系与沟通技巧：在单片机内部结构中，各个组件之间的信息交流与传递，可以类比为家庭中的人际关系和沟通技巧。如同在家庭中，成员之间需要相互理解、尊重和关心，单片机中的组件之间也需要通过有效的信息交流和传递来协调工作。这个比喻可以引导学生理解沟通技巧的重要性，培养他们的沟通能力和人际交往能力。

2. MCS-51 单片机外部引脚

基于 8051 内核的单片机，若引脚数相同，或是封装相同，则它们的引脚是相同的，其中用得较多的是 DIP-40 封装的 51 单片机（也有 20、28、32、44 等不同引脚数的 51 单片机），如图 1-18 所示。对着它表面会看到一个凹进去的小坑，其对应左上角的引脚即为第 1 个引脚，然后逆时针方向数下去即为对应引脚的序号 2，3，4，…，40。

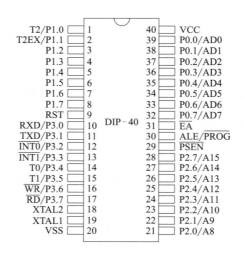

图 1-18　51 系列 DIP-40 封装图

40 个引脚一般按其功能可分为以下三类。

（1）电源和时钟引脚

电源和时钟引脚，如 VCC、GND、XTAL1、XTAL2。

① VCC（40 引脚）、GND（20 引脚）：单片机电源引脚。

② XTAL1（19 引脚）、XTAL2（18 引脚）：外接时钟引脚。8051 的时钟有两种方式，通常采用的是片内时钟振荡方式，这时需在这两个引脚外接石英晶体和电容，电容的值一般为 30pF 左右，石英晶体的振荡频率通常选择 6MHz、12MHz 或 11.0592MHz。

【温馨提示】

MCS51 单片机采用定时控制方式，规定一个机器周期的宽度为 12 个振荡脉冲周期，因此机器周期就是振荡脉冲的十二分频。当振荡脉冲频率为 12MHz 时，一个机器周期为 $1\mu s$。

执行一条指令所需要的时间称为指令周期，一般由 1～4 个机器周期组成，大部分为单周期指令（这里指的是汇编指令）

【试一试，想一想】

打开 Proteus，运行程序，然后通过右击 51CPU 修改频率分别为原来的 2 倍及 1/4，再运行程序以观察改变前后延时速度的变化。

【问与答】

设某段延时程序在振荡脉冲频率为 12MHz 时，其延时时间为 100ms，则当振荡脉冲频率为 4MHz 时，其延时时间变为（　　）ms；而当振荡脉冲频率为 24MHz 时，其延时时间变为（　　）ms。

（2）编程控制引脚

编程控制引脚，如 RST、$\overline{\text{PSEN}}$、ALE/$\overline{\text{PROG}}$、$\overline{\text{EA}}$/Vpp。

① RST（9 引脚）：单片机复位引脚。当输入连续两个机器周期以上高电平时为有效，用来完成单片机的复位初始化操作。如是汇编程序的话，程序从程序计数器 PC＝0000H 开始执行，即复位后将从程序存储器的 0000H 单元读第一条指令。如果是 C 语言程序的话，程序从 main（）函数开始执行。

② $\overline{\text{PSEN}}$（29 引脚）：在访问片外存储器时，此端定时输出负脉冲作为片外存储器的选通信号。由于现在使用的单片机内部已经有足够大的 ROM，所以就不需要再去扩展外部 ROM 了（了解就行）。

③ ALE/$\overline{\text{PROG}}$（30 引脚）：当单片机通电正常工作后，ALE 引脚不断向外输出正脉冲信号，此频率为振荡器频率的 1/6。CPU 访问外部存储器时，ALE 作为锁存低 8 位地址的控制信号。此引脚的第二功能 $\overline{\text{PROG}}$ 作为 8751 编程脉冲输入端使用。现在 ALE/$\overline{\text{PROG}}$ 引脚很少会用到。

④ $\overline{\text{EA}}$/Vpp：$\overline{\text{EA}}$ 为访问内/外部程序存储器控制信号。当 $\overline{\text{EA}}$ 接高电平时，单片机对 ROM 的读操作先从内部程序存储器开始，当读完内部 ROM 后自动去读外部扩展的 ROM。当 $\overline{\text{EA}}$ 为低电平时，单片机直接读外部 ROM。8751 单片机烧写内部 EPROM 时，利用此引脚输入 12～25V 的编程电压。

【温馨提示】

因为现在用的单片机都有内部 ROM，所以把 EA 脚接高电平。

（3）并行 I/O 口接口引脚

对单片机的控制，其实就是对 I/O 口的控制，无论单片机对外界进行何种控制，抑或接受外部的控制，都是通过 I/O 口进行的。8051 单片机有 32 条 I/O 线，由 4 个 8 位双向输入输出端口构成，每个端口都有锁存器、输出驱动器和输入缓冲器。4 个端口都可以作输入输出口使用，其基本功能如下。

① P0 口（39 脚～32 脚）：双向 8 位 I/O 口，每个口可独立控制（位操作）。

② P1 口（1 脚～8 脚）：准双向 8 位 I/O 口，每个口可独立控制（位操作），带内部上拉电阻，使用时无须外接上拉电阻。

③ P2 口（21 脚～28 脚）：准双向 8 位 I/O 口，每个口可独立控制（位操作），带内部上拉电阻。与 P1 口相似。

④ P3 口（10 脚～17 脚）：准双向 8 位 I/O 口，每个可独立控制（位操作），带内部上拉电阻。作为第一个功能使用时作普通的 I/O 口，跟 P1 口相似。作为第二个功能时，各个引脚的定义如表 1-3 所示。

表 1-3　引脚定义

标识	引脚	第二功能	说明
P3.0	10	RXD	串行口输入
P3.1	11	TXD	串行口输出
P3.2	12	$\overline{INT0}$	外部中断 0
P3.3	13	$\overline{INT1}$	外部中断 1
P3.4	14	T0	定时器/计数器 0 外部输入端
P3.5	15	T1	定时器/计数器 1 外部输入端
P3.6	16	$\overline{WR}$	外部数据存储器写脉冲
P3.7	17	$\overline{RD}$	外部数据存储器读脉冲

【温馨提示】

当 P0 口作为一般输出口使用时必须外接上拉电阻，一般接入 10kΩ 的上拉电阻。当要读 P0～P3 口某一引脚时，必须先向该引脚写入"1"。

P0 口负载能力为 8 个 TTL 门电路，而 P1～P3 为 4 个 TTL 门电路（低电平的灌入电流为毫安级，而高电平时的输出电流只为微安级）

在并行扩展外存储器或 I/O 口情况下：P0 口用于低 8 位地址总线和数据总线（分时传送），P2 口用于高 8 位地址总线，P3 口常用于第二功能，用户能使用的 I/O 口只有 P1 口和未用作第二功能的部分 P3 口端线。

单片机是一个数字集成芯片，数字电路只有两种电平：高电平和低电平。单片机输入和输出的是 TTL 电平，其中高电平是 +5V，低电平是 0V。

三、单片机的开发系统

单片机应用系统的开发过程大致如下：对系统要求进行分析，设计并搭建硬件电路、编写程序并编译成单片机可执行的 . HEX 文件，最后烧写到单片机的程序存储器中，再调试运行，若有错误再修改程序再编译再烧写，若是硬件电路有问题则要从硬件电路修改开始。

编写程序并编译：可采用 MedWin＋Keil，编写程序及编译过程请参见本项目之前内容所述。

烧写到芯片：把仿真头与计算机和实物电路相连接，再接通各电源。然后用编程器把已生成的可执行目标文件下载到单片机的程序存储器中。

【温馨提示】

即使有实物电路，用 Proteus 仿真也是一种不错的选择。

专用编程器相对比较昂贵，用户可以选用具有 ISP 下载功能的单片机如 AT89S51 或 AT89S52，以及宏晶单片机。宏晶单片机不仅具有 ISP 下载功能，还具有串口下载功能，使用起来非常方便。

四、制作开关控制指示灯电路图

我们已经编写了开关控制指示灯的程序。现在来看一下如何利用 Proteus ISIS 来制作仿真电路，并配合单片机程序进行电路的仿真运行与调试。

1. 进入 Proteus ISIS

双击桌面上的 ISIS 7 Professional 图标或者单击屏幕左下方的 "开始"→"所有程序"→"Proteus 7 Professional"→"ISIS 7 Professional"，进入 Proteus ISIS 工作环境，如图 1-19 所示。

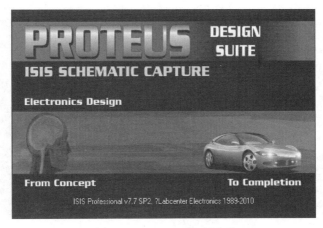

图 1-19　Proteus 启动画面

2. 工作界面

Proteus ISIS 的工作界面是一种标准的 Windows 界面，包括：屏幕上方的标题栏、菜单栏、标准工具栏，屏幕左侧的绘图工具栏、对象选择按钮、预览对象方位控制按钮、仿真进程控制按钮、预览窗口、对象选择器窗口，屏幕下方的状态栏，屏幕中间的图形编辑窗口，如图 1-20 所示。

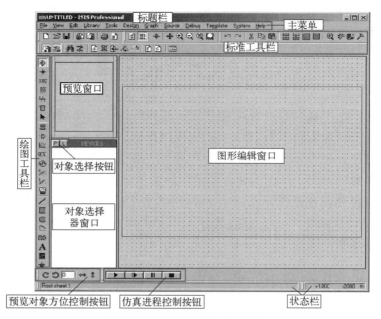

图 1-20　Proteus ISIS 工作界面

3. 电路图绘制

电路的核心是单片机 AT89C52，晶振 X1 和电容 C1、C2 构成单片机时钟电路，单片机的 P2.0 口接 1 个发光二极管，二极管的阳极通过限流电阻接到电源的正极。单片机的 P2.7 口接 1 个按钮，如图 1-21 所示。

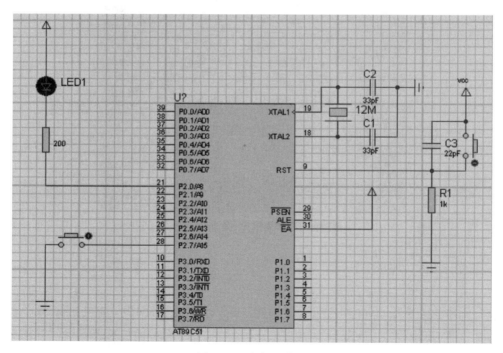

图 1-21　绘制电路图

① 将需要用到的元器件加载到对象选择器窗口。单击对象选择器按钮，如图 1-22 所示，弹出"Pick Devices"对话框，在"Category"下面找到"Mircoprocessor ICs"选项，鼠标左键单击一下，在对话框的右侧，会出现大量常见的各种型号的单片机。找到 AT89C52，双击"AT89C52"。这样，在左侧的对象选择器中就有 AT89C52 这个元件了。

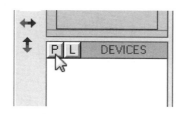

图 1-22　单击对象选择器按钮

如果知道元件的名称或者型号，可以在"Keywords"中输入 AT89C52，系统就会在对象库中进行搜索查找，并将搜索结果显示在"Results"中，如图 1-23 所示。

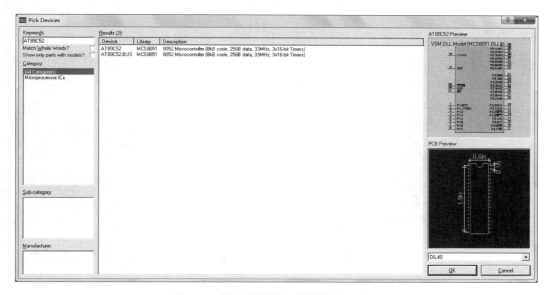

图 1-23　输入关键词查找器件 AT89C52

在"Results"的列表中，双击"AT89C52"即可将 AT89C52 加载到对象选择器窗口内。

接着在"Keywords"中输入 CRY，在"Results"的列表中，双击"CRYSTAL"将晶振加载到对象选择器窗口内，如图 1-24 所示。

将 AT98C52、晶振加载到对象选择器窗口内后，还缺少 CAP（电容）、BUTTON（按键）、LED-RED（红色发光二极管）、RES（电阻）。只要依次在"Keywords"中输入 CAP、BUTTON、LED-RED、RES，在"Results"的列表中，把需要用到的元件加载到对象选择器窗口内即可。

在对象选择器窗口内鼠标左键单击"AT89C52"会在预览窗口看到 AT89C52 的实

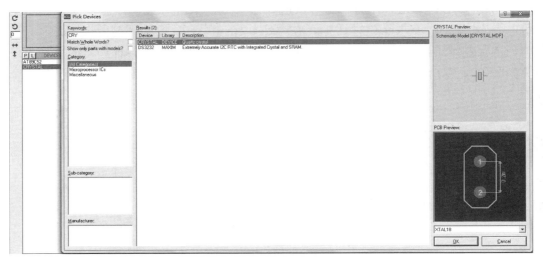

图 1-24　输入关键词查找器件 CRYSTAL

物图，且绘图工具栏中的元器件按钮 处于选中状态。单击"CRYSTAL""LED-RED"也能看到对应的实物图，按钮也处于选中状态，如图 1-25 所示。

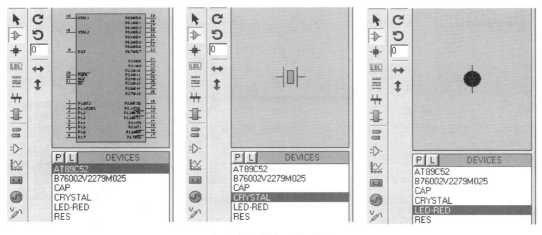

图 1-25　器件预览窗口

② 将元器件放置到图形编辑窗口。在对象选择器窗口内，选中 AT89C52，如果元器件的方向不符合要求可使用预览对象方位控制按钮进行操作。如用按钮 对元器件进行顺时针旋转，用按钮 对元器件进行逆时针旋转，用 按钮对元器件进行左右反转，用按钮 对元器件进行上下反转。元器件方向符合要求后，将鼠标置于图形编辑窗口中元器件需要放置的位置，单击鼠标左键，出现紫红色的元器件轮廓符号（此时还可对元器件的放置位置进行调整）。再单击鼠标左键，元器件被完全放置（放置元器件后，如还需调整方向，可使用鼠标左键，单击需要调整的元器件，再单击鼠标右键从菜单中进行调整）。同理将晶振、电容、电阻、发光二极管等放置到图形编辑窗口，如图 1-26 所示。

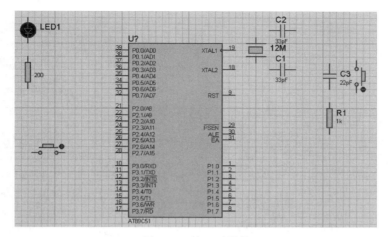

图 1-26 放置元器件

图 1-26 中已将元器件编好了号,并修改了参数。修改的方法是:在图形编辑窗口中,双击元器件,在弹出的"Edit Component"对话框中进行修改。现在以电阻为例进行说明,如图 1-27 所示。

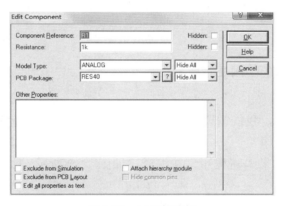

图 1-27 元器件编辑

③ 元器件与元器件的电气连接。Proteus 具有自动线路功能(Wire Auto Router),当鼠标移动至连接点时,鼠标指针处出现一个虚线框,如图 1-28 所示。

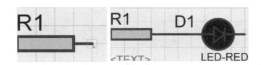

图 1-28 自动连线功能

单击鼠标左键,移动鼠标至 LED-RED 的阳极,出现虚线框时,单击鼠标左键完成连线。同理,完成其他连线。在此过程中,按下 ESC 键或者单击鼠标右键可放弃连线。

④ 放置电源端子。单击绘图工具栏中的 按钮,使之处于选中状态。单击选中"POWER",放置两个电源端子;单击选中"GROUND",放置一个接地端子。放置好后完成连线,如图 1-29 所示。

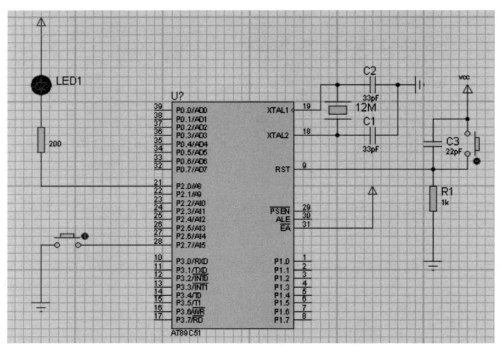

图 1-29　放置电源端子

至此，整个电路图的绘制便完成了。

4. 电路调试

在进行电路调试前，我们需要设计和编译程序，并加载编译好的程序。

（1）编辑、编译程序

我们利用 MedWin 来编写程序，并编译，如图 1-30 所示。

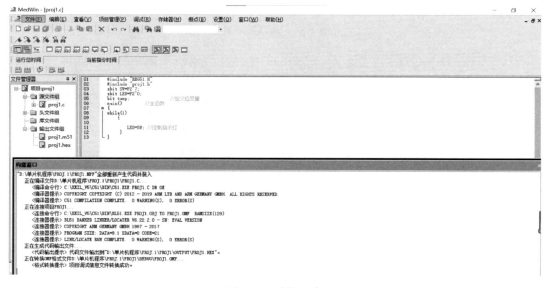

图 1-30　编译程序

（2）加载程序

在 Proteus 所绘电路图中，选中单片机 AT89C52，鼠标左键单击 AT89C52，弹出一个对话框，如图 1-31 所示。

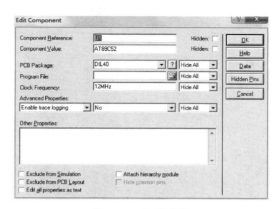

图 1-31　加载程序

在弹出的对话框里单击"Program File" 按钮，找到刚才编译得到的 .hex 文件并打开，然后单击 OK 按钮就可以模拟了。单击调试控制按钮的运行按钮 ，进入调试状态，能清楚地看到每一个引脚电平的变化。红色代表高电平，蓝色代表低电平。

进入调试状态后，出现了错误提示，如图 1-32 所示。

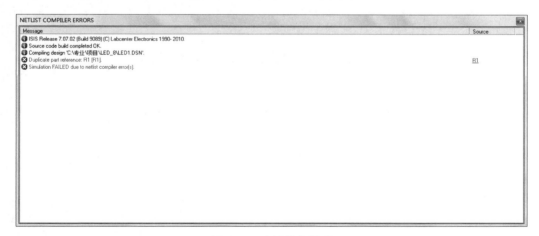

图 1-32　出错信息提示

出现此错误提示的原因是：电路图中有两个电阻的编号都是 R1。只需要把其中一个改为 R9 即可。重新运行后，八个发光二极管在程序的控制下轮流点亮。

【温馨提示】

对初学者可先不画电路原理图（有关原理图的绘制及 ISIS 软件的操作详见上述的电路图绘制过程），原理图可以由老师提供（或在提供的素材库中下载）。

① 启动 ISIS，从主菜单中选择"文件"→"打开设计"，选择电路图设计文件所在的路径，把已绘制的电路文件调入 ISIS 中，如图 1-33 所示。

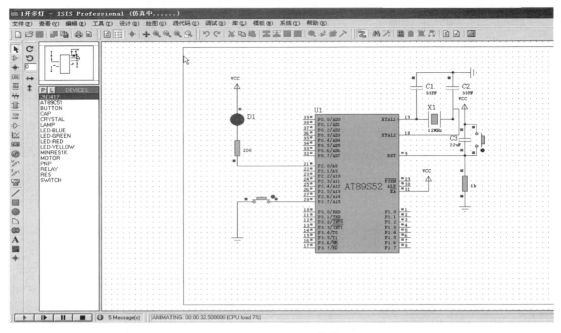

图 1-33　Proteus ISIS 仿真界面

② 添加程序到单片机属性中。用鼠标右键单击电路图中的单片机，在快捷菜单中选择第二项"Edit properties"，打开单片机 IC 的属性对话框，如图 1-34 所示，为单片机选择所要仿真的 HEX 类型的程序文件——Proj1.hex，同时输入合适的单片机时钟频率——在此选择 12MHz，单击"确定"按钮。

图 1-34　单片机 IC 的属性

③ 仿真运行。单击仿真控制工具栏 上的启动按钮 来启动仿真，启动后可以单击开关使之闭合或断开，以观察指示灯的工作情况。如果电路和程序正确就应该可以看到开关能够控制 LED 指示灯了。

【温馨提示】

用 Proteus 仿真运行通过后，有条件的话可以使用实物电路，用仿真器或把 HEX 程序文件烧写到单片机芯片上再运行。

④ 使用仿真器：使用仿真器更接近实际情况，前提是要有实物电路、仿真头和与之配套的仿真软件。

⑤ 烧写芯片：程序经过仿真调试后，最终必须把编译生成的 .hex 目标文件烧写到单片机的 ROM 中，再把单片机安装到电路上进行测试。而芯片的烧写需要有专用的设备，这些设备也都会配有相应的软件和操作说明书。

📂【任务考核与评价】

评价项目	评价内容	分值	自我评价	小组评价	教师评价	得分
技能目标	①能在 MedWin 中创建源程序文件并生成 .hex 目标文件	25				
	②会使用 Protues 画图并运行程序	15				
知识目标	①能领会项目开发过程	10				
	②能理解 MCS-51 单片机的基本资源	10				
	③能识别 C51 的引脚和端口特性	10				
情感态度	①出勤情况	5				
	②纪律表现	5				
	③实操情况	10				
	④团队意识	10				
总分		100				

✏️【巩固复习】

一、填空题

（1）单片机应用系统是由（　　　）和（　　　）两大部分组成的。

（2）除了单片机和电源外，单片机最小系统应包括（　　　　　　）电路和（　　　　　　）电路。

（3）对 MCS-51 单片机，当振荡频率为 3MHz 时，一个机器周期为（　　　）。

（4）对 MCS-51 单片机，执行相同的程序段，当振荡脉冲频率增大时执行时间（　　　），而当振荡脉冲频率减小时执行时间（　　　）。

（5）对 MCS-51 单片机，其复位信号需保持（　　　）个机器周期以上的（　　　）电平时才有效。

（6）MCS-51 单片机的存储器主要包括（　　　）和（　　　），其中用户编写的程序一般放在（　　　）中，而临时的变量一般放在（　　　）中。

（7）通常使用的 MCS-51 单片机，共有（　　　）个并行输入输出端口，C51 编程访问这些端口时可以按（　　　）寻址操作，还可以按（　　　）操作。

（8）MCS-51 单片机通常把 EA 脚接（　　　）电平。

（9）MCS-51 单片机并行输入输出端口中具有第二功能的是（　　　）。

（10）MCS-51 单片机中（　　　）口作为一般输出口使用时必须外接上拉电阻。

（11）MCS-51 单片机中当要读 P0～P3 口某一引脚时，必须（　　　　　　）。

（12）MCS-51 单片机端口低电平的灌入电流为（　　　）级，而高电平时的输出电流只为（　　　　　）级。

二、选择题

（1）MCS-51 单片机的内部结构组成主要包括（　　）。

A. 中央处理器 CPU、数据存储器 RAM

B. 程序存储器 ROM、定时/计数器

C. 串行接口、可编程 I/O 口

D. 以上全是

（2）当 MCS-51 单片机应用系统需要扩展外部存储器或其他接口芯片时，（　　）可作为高 8 位地址总线使用。

A. P0 口　　　　　B. P1 口　　　　　C. P2 口　　　　　D. P3 口

（3）当 MCS-51 单片机应用系统需要扩展外部存储器或其他接口芯片时，（　　）用于分时传送低 8 位地址和数据。

A. P0 口　　　　　B. P1 口　　　　　C. P2 口　　　　　D. P3 口

（4）单片机的 ALE 引脚是以晶振频率的（　　）频率输出正脉冲，因此它可作为外部定时脉冲使用。

A. 1/2　　　　　B. 1/6　　　　　C. 1/4　　　　　D. 1/12

（5）MCS-51 单片机的 CPU 是（　　）位的。

A. 4　　　　　B. 16　　　　　C. 8　　　　　D. 32

（6）单片机能够直接运行的程序是（　　）。

A. C 语言源程序　　B. 汇编源程序　　C. 机器语言程序　　D. 高级语言程序

三、简答题

（1）什么是单片机？它由哪几部分组成？什么是单片机应用系统？

（2）画出 MCS-51 单片机的时钟电路。

（3）MCS-51 单片机的复位方法通常有哪几种？画出各自的电路图并说明其工作原理。

（4）MCS-51 单片机复位后各端口引脚的状态如何？

（5）开发单片机应用系统的一般过程是什么？

（6）简述单片机的工作原理及主要应用领域。

任务 2　开关控制指示灯闪烁

【任务导入】

　　在任务 1 中用单片机实现指示灯亮与灭的控制显得大材小用，能否用上述电路模拟汽车转向指示灯的控制呢？即打开转向开关时转向灯闪烁，关闭转向开关时转向灯熄灭。

▣→【任务目标】

知识目标

（1）了解 C 程序的基本结构及特点。

（2）掌握 C51 基本数据类型。

（3）能领会 C51 运算符及表达式。

技能目标

（1）能够编写延时程序。

（2）会使用软件排除一般的语法错误。

素养目标

（1）文明、规范操作，培养良好的职业道德与操守。

（2）培养团结协作和创新精神，认真细致的工作态度。

✈【任务组织形式】

采取以小组（2 个人一组）为单位的形式互助学习，有条件的每人一台电脑，条件有限的可以两人合用一台电脑。用仿真实现所需的功能后，如果有实物板（或自制硬件电路）可把程序下载到实物板上再运行、调试，学习过程中鼓励小组成员积极参与讨论。

💼【任务实施】

一、创建硬件电路

实现指示灯闪烁的电路原理图如图 1-35 所示。图 1-35 与任务 1 中的图 1-3 基本一样，

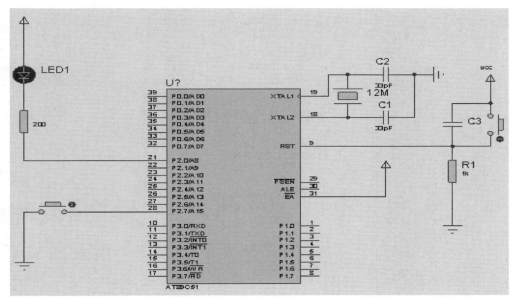

图 1-35　闪烁灯示意图

但所要求达到的目标不同，如任务描述的那样：按下开关时灯闪烁，断开开关时灯灭。

二、程序编写

【试一试，想一想】

有的同学认为要让灯闪烁，只要让 P2.0 口一次输出 0、再接着输出 1 并不断反复就行。请大家把项目 1 中循环体内的语句改成如右框所示，再编译，然后在 Proteus 中打开项目 1 设计电路，把已编译所生成的 .hex 文件下载到单片机中，再运行并观察结果。

```
LED=0;
LED=1;
```

同学们看到的结果是什么呢？——给人的感觉灯是一直亮着的，同学们知道这是为什么吗？

【温馨提示】

其原因是单片机的执行速度太快，按上述程序段灯一亮一灭的时间间隔只有 $1\mu s$（时钟频率为 12MHz 时），人的眼睛根本无法反应过来，所以给人的感觉灯是一直亮着的。

解决的办法：让灯亮或灭时各停留一定的时间。

1. 程序流程

【温馨提示】

流程图是解题思路的图形化表示，它具有简单明了、易于交流等特点，在系统开发中经常用到。流程图常用的图形符号有带圆弧形的矩形框——用于表示程序的开始或结束，矩形框（有一个入口和一个出口）——用于表示一般的输入输出及操作运算，菱形框（有一个入口和两个出口，出口处要标明对应的条件成立或不成立）——用于表示情况判断，箭头——用于表示程序的流向。灯闪烁流程图如图 1-36 所示，各框中用适当文字做简明的描述。

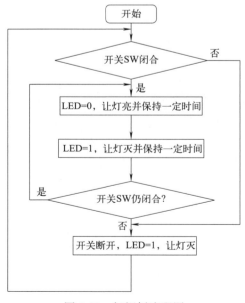

图 1-36　灯闪烁流程图

2. 编写程序

灯闪烁程序编写如表 1-4 所示。

表 1-4　灯闪烁程序

行号	程序
01	/＊ shanshuodeng ＊/
02	＃include ＜REG52. H＞
03	sbit SW=P2＾7；　//特殊位变量定义
04	sbit LED=P2＾0；
05	main()　　　　　//主函数
06	{
07	unsigned int t；//定义无符号整型变量 *t*
08	while(1)
09	{
10	if(SW＝＝0)　//只要开关还接通灯就闪烁
11	{
12	While(SW==0) //只要开关还接通灯就闪烁
13	{
14	LED=0；　//灯亮
15	t=0；
16	while(t＜30000)t＋＋；//保持数百毫秒
17	LED=1；　//灯灭
18	t=0；
19	while(t＜30000)t＋＋；//保持数百毫秒
20	}
21	}
22	else
23	LED=1；//开关断开时灯灭
24	}
25	}

3. 程序说明

① 07 行：unsigned int 为无符号整型变量定义符，定义 *t* 为无符号整型变量。

② 10 行：if 为条件语句，本语句的作用是判断开关是否接通，如果是接通状态则控制灯闪烁。

③ 12～20 行：while 为循环语句，本语句作用是只要开关还是接通状态，则控制灯继续闪烁，14～19 行为循环体。15、16 行与 18、19 行完全相同，其作用是让变量 *t* 从 0 不断加 1 直到 3 万为止，在此期间让灯保持某种状态不变。

【温馨提示】

由 15、16 行所构成的程序段就是一个延时程序段，延时程序纯粹是让计算机消磨时间，以满足程序在时间上的要求。在 C51 程序设计中经常要用到延时程序，通常把它写成一个延时函数以供调用，具体见后续项目。

三、创建程序文件并生成 .hex 文件

打开 MedWin，新建项目文件，创建程序文件，输入上述程序，然后按工具栏上的

"产生代码并装入"按钮（或按 CTRL＋F8），此时将在屏幕的构建窗口中看到图 1-37 所示的信息，它代表编译没有错误，也没有警告信息，且在对应项目文件夹的 Output 子目录中已生成目标文件。

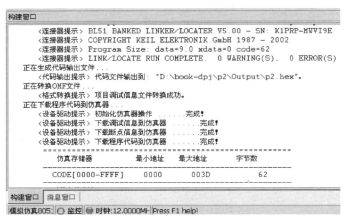

图 1-37　编译过程信息提示

【问与答】

问题：编译通不过怎么办？

在编写程序过程中，往往不可能一次成功。编译通过不了一般会有相应的提示信息，如图 1-38 所示——编译发现两处错误：行 24 与行 25，其含义：①'LEd'是未定义的标识符；②在 25 行靠近'｝'处有语法错误。

图 1-38　编译过程中可能出现的提示信息

对策：

我们应借助出错信息去发现并修改错误，直到编译通过为止。

通过上下对照，同学们可能会说在"04 行"不是已经定义了位变量"LED"了吗，怎么还提示没定义呢？细心的同学应该能发现问题出在大小写上了！——请务必记住：C 语言是区分大小写的。

有的问题是相互关联引起的，如例中的第 2 处错误，"25 行"本身其实没问题，问题是出在上一行缺少了语句结束符"；"，有的情况可能更加复杂，要找出真正出错的位置需要细心加耐心。

四、运行程序观察结果

在 Proteus 中打开项目 1 设计电路，把已编译所生成的 .HEX 文件下载到单片机中，再运行：试着让开关闭合一段时间、再断开一段时间同时观察结果。

如果有实物板，可把程序下载到实物板上再运行、调试。也可以根据图 1-35 与表 1-1 提供的原理图与器件清单在万能板上搭出电路后再把已编译所生成的 .hex 文件下载到单片机中，然后再调试运行。

【小课堂】

通过创新"双六步"教学方法，突破教学重难点。通过"析流程、识原理、定步骤、编代码、纠错误、做完善"六个教学步骤，引导学生自主学习和自主思考。

强化目标引领，设计"4S"思政教学模式。通过"Share、Sightseeing、Search、Show""4S"思政教学模式，实现全员、全程、全方位育人。例如，通过参观企业开发流程，培养学生爱岗敬业和认真细致的劳模精神。

在教学过程中，注重培养学生的标准意识，引导学生学会归纳和反思。例如，在展成果、融评价过程中，通过作品展示、小组互评，帮助学生树立标准意识，培养实事求是的工作作风。

【知识链接】

一、C 程序的基本结构特点及规则

① 程序由函数组成：C 程序是由函数组成的，每个函数都是一个可被单独调用的程序块。函数由函数名、参数列表和函数体组成。

② 主函数：每个 C 程序必须有一个主函数 main()。程序从 main() 函数开始执行，在 main() 函数结束时返回操作系统。

③ 程序必须包含头文件：C 程序通常需要包含一些头文件（如 REG52.H 等）以引入需要的库函数和宏定义。

④ 语句必须以分号结束：在 C 程序中，每条语句必须以分号结束。

⑤ 注释：C 程序支持单行和多行注释。单行注释以"//"开始，多行注释以"/ *"开始并以"* /"结束。

⑥ 标识符：C 程序中的变量名、函数名等都是标识符。标识符可以是字母、数字和下画线，但必须以字母或下画线开头。

⑦ 关键字：C 语言有一些保留的关键字，如 if、else、for、while 等，这些不能作为标识符使用。

⑧ 常量和变量：C 程序中可以定义常量和变量。常量在程序执行期间不能被改变，而变量可以改变。

⑨ 数据类型：C 语言有多种数据类型，包括 int（整数）、float（浮点数）、char（字符）、double（双精度浮点数）等。

⑩ 运算符：C 语言支持多种运算符，包括算术运算符（如＋、－、＊、/）、关系

运算符（如<、>、<=、>=）、逻辑运算符（如&&、｜｜、!）等。

⑪ 控制结构：C 语言支持多种控制结构，包括顺序结构、选择结构（如 if-else 结构）和循环结构（如 for 循环、while 循环）。

⑫ 函数调用：可以通过函数名和参数列表来调用函数。函数可以带返回值，也可以不带返回值。

⑬ C 语言区分字母大小写。

⑭ 用 { } 括起来的部分，通常表示了程序的某一层次结构。{ } 一般与该结构语句的第一个字母对齐，并单独占一行。

⑮ 低一层次的语句或说明可比高一层次的语句或说明缩进若干格后书写，以便看起来更加清晰，增加程序的可读性。

在编程时应力求遵循这些特点及规则，以养成良好的编程风格。

二、C51 常用数据类型

C51 是一种专门为 MCS-51 系列单片机设计的 C 语言编译器，支持 ANSI 标准的 C 语言程序设计，同时根据 8051 单片机的特点做了一些扩展，下面对 C51 中常用的数据类型进行介绍。

1. C51 的主要数据类型

计算机是以数据为操作对象的，任何程序设计都要对数据进行处理，数据的不同格式称为数据类型。

基本数据类型是 C51 中最为常用的数据类型，如表 1-5 所示。

表 1-5　C51 常用的数据类型

数据类型	说明	长度	值域
unsigned char	无符号字符型	单字节	0～255
signed char	带符号字符型	单字节	−128～+127
unsigned int	无符号整型	双字节	0～65535
signed int	带符号整型	双字节	−32768～+32767
unsigned long	无符号长整型	四字节	0～4294967295
signed long	带符号长整型	四字节	−2147483648～+2147483647
bit	位变量	1位	0 或 1
sbit	可位寻址的位变量	1位	0 或 1
sfr	特殊功能寄存器	单字节	0～255

（1）字符类型 char

char 类型的数据长度为 1 个字节，它分为带符号字符型 signed char 和无符号字符型 unsigned char。C51 中通常用的是无符号字符型，可以表示的数值范围为 0～255。

【温馨提示】

在 C51 中 unsigned char 是使用最为广泛的数据类型，经常用于处理 ASCII 字符或用于处理不大于 255 的整型数。因为经常要用到它，所以通常在程序开头用 #define 定义一个等价的标识符代替它，格式如下：

#define uchar unsigned char

定义后就可以用 uchar 代替 unsigned char 了。

类似地：用 #define uint unsigned int 定义后就可以用 uint 代替 unsigned int 了。

（2）整型 int

int 整型数据长度占 2 个字节，它也分为有符号整型 signed int 和无符号整型 unsigned int。C51 中通常用的是无符号整型，可以表示的数值范围为 0～65535。

（3）长整型 long

long 整型数据长度占 4 个字节，它也分为有符号长整型 signed long 和无符号长整型 unsigned long，它们能表示的数据范围见表 1-5。

【试一试，想一想】

① 在任务 2 中如何改变使得灯闪烁的频率变慢些？想好后试着修改程序再编译运行，并比较修改后的变化是否达到了预期效果。

② 如果把 16 行的语句 "while(t<30000)t++;"，修改成 "while(t<80000)t++;"，然后再编译运行，将会看到什么结果？为什么？

【温馨提示】

在 C 程序中要注意所定义变量的取值范围，如果超过了该变量所能表示的数据范围就无法达到预期的效果。

（4）位类型 bit

位类型 bit 是 C51 编译器的一种扩充数据类型，利用它可定义一个位类型变量，它的值是一个二进制位，只有 0 或 1。注意不能定义位数组。

（5）特殊位类型 sbit

特殊位类型 sbit 也是 C51 编译器的一种扩充数据类型，利用它可访问 51 芯片内部 RAM 中的可寻址位或特殊功能寄存器中的可寻址位。

（6）特殊功能寄存器 sfr

特殊功能寄存器 sfr 也是 C51 扩展的一种数据类型，占用一个字节，取值范围为 0～255，它用于定义 51 系列单片机内部所对应的特殊功能寄存器。

【试一试，想一想】

同学们可以试着找一下头文件 REG51.H（表 1-6）并打开它，看看该文件的内容。

表 1-6 头文件 REG51.H

/* BYTE Register */	/* BIT Register */	/* IP */
sfr P0 =0x80;	sbit CY =0xD7;	sbit PS =0xBC;
sfr P1 =0x90;	sbit AC =0xD6;	sbit PT1 =0xBB;
sfr P2 =0xA0;	sbit F0 =0xD5;	sbit PX1 =0xBA;
sfr P3 =0xB0;	sbit RS1 =0xD4;	sbit PT0 =0xB9;
sfr PSW =0xD0;	sbit RS0 =0xD3;	sbit PX0 =0xB8;
sfr ACC =0xE0;	sbit OV =0xD2;	/* P3 */
sfr B =0xF0;	sbit P =0xD0;	sbit RD =0xB7;
sfr SP =0x81;	/* TCON */	sbit WR =0xB6;
sfr DPL =0x82;	sbit TF1 =0x8F;	sbit T1 =0xB5;

sfr DPH =0x83;	sbit TR1 =0x8E;	sbit T0 =0xB4;
sfr PCON =0x87;	sbit TF0 =0x8D;	sbit INT1 =0xB3;
sfr TCON =0x88;	sbit TR0 =0x8C;	sbit INT0 =0xB2;
sfr TMOD =0x89;	sbit IE1 =0x8B;	sbit TXD =0xB1;
sfr TL0 =0x8A;	sbit IT1 =0x8A;	sbit RXD =0xB0;
sfr TL1 =0x8B;	sbit IE0 =0x89;	/* SCON */
sfr TH0 =0x8C;	sbit IT0 =0x88;	sbit SM0 =0x9F;
sfr TH1 =0x8D;	/* IE */	sbit SM1 =0x9E;
sfr IE =0xA8;	sbit EA =0xAF;	sbit SM2 =0x9D;
sfr IP =0xB8;	sbit ES =0xAC;	sbit REN =0x9C;
sfr SCON =0x98;	sbit ET1 =0xAB;	sbit TB8 =0x9B;
sfr SBUF =0x99;	sbit EX1 =0xAA;	sbit RB8 =0x9A;
	sbit ET0 =0xA9;	sbit TI =0x99;
	sbit EX0 =0xA8;	sbit RI =0x98;

【温馨提示】

正因为在头文件 REG51. H 中已定义了特殊功能寄存器的名字及特殊位名字，因此编程时只要把头文件 REG51. H 包含在程序中就可以直接引用这些名字了。

2. C51 中的常量与变量

C51 中基本数据类型按其取值是否可改变分为常量和变量两种，其区别是：常量的值在程序运行期间是不会变化的，而变量的值却可以变化。

（1）常量

常量在程序的执行过程中其值保持不变。C51 语言中常用的常量有整型常量、字符常量和字符串常量。

① 整型常量。整型常量就是整常数。在 C51 语言中，使用的整型常量主要有十六进制和十进制 2 种。

a. 十进制整型常量。十进制整型常量没有前缀，如：314、-87。

b. 十六进制整型常量。十六进制整型常量的前缀为 0X 或 0x，如 0XF7、-0X3A。

② 字符型常量。字符常量是用单引号括起来的一个字符。一个字符常量在计算机的内存中占据一个字节的容量。字符常量的值就是该字符的 ASCII 码值。因此，一个字节常量实际上也是一个字节的整型常量，可以参与各种运算。例如：'A''3''b'。

③ 字符串常量。字符串常量是由一对双引号括起的字符序列。例如："CHINA" "program""12.5"等都是合法的字符串常量。

在 C51 语言中没有相应的字符串变量，但可以用一个字符数组来存放一个字符串，数组的单元数为字符个数加 1，多出的一个单元用以存放字符串的结束标志 '\0'（ASCII 码为 0）。

【温馨提示】

在定义字符常量与字符串常量时，其中的单引号或双引号是它们的定界符，本身并不是字符常量与字符串常量的一部分，且引号中的字符不能是单引号本身或反斜杠。

④ 符号常量。常量除了可以用上述方法直接表示外，还可以采用符号表示，称为符号常量。符号表示是用标识符代表一个常量，符号常量在使用之前必须先定义，其一

般形式为：

♯define 标识符　常量

例如：

♯define NUM　34　//用符号常量 NUM 表示数值 34

♯define ON　0　　　　//用符号常量 ON 表示开关量 0

上述定义后即可在程序中用 NUM 表示 34，用 ON 表示 0。

（2）变量

在程序执行过程中，值可以改变的量称为变量。一个变量应该有一个名字，变量的命名必须遵循 C51 中标识符的规则，在 C 语言中变量必须先定义后使用。定义变量的最简单格式如下。

数据类型　变量名表；

如：unsigned int　a,b;　　　　//定义无符号整型变量 a,b

　　unsigned　char x,y＝5;　//定义无符号字符型变量 x,y,且给变量 y 赋初值 5

　　bit　flag1;　　　　　　　//定义位变量 flag1

　　sbit led1＝P1^1;　　　　　//定义特殊位变量 led1,它代表 P1 端口的 P1.1 位

3. C51 运算符及表达式

C51 提供了丰富的运算符，它们能构成多种表达式。表达式是由运算符及运算对象组成的、具有一定含义的式子。C 语言是一种表达式语言，表达式后面加上分别"；"就构成了表达式语句。下面就对 C51 中常用的运算符及表达式做一介绍。

（1）赋值运算符"＝"

使用"＝"的赋值语句格式如下：

　　　　变量＝表达式；

如：

　　　　a＝0xFF;//将常数十六进制数 FF 赋予变量 a

　　　　b＝c＝33;//把常量 33 同时赋值给变量 b、c

　　　　d＝c;//将变量 c 的值赋予变量 d

　　　　f＝a＋b;//将表达式 a＋b 的值赋予变量 f

（2）算术及增减量运算符

C51 中的算术及增减量运算符如表 1-7 所示。"/"为除法运算，用在整数除法当中为求模运算，如 10/3＝3 表示 10 对 3 求模，即 10 当中含有多少个整数的 3，结果为 3 个。当进行小数除法运算时，需要写成 10/3.0，结果才是 3.33333，若写成 10/3 它只能得到整数而得不到小数，这一点请大家一定注意。

"％"为求余运算，也是在整数中，如 10％3＝1，即 10 当中含有整数倍的 3 去掉之后剩下的数即为求余数。

由圆括号和算术运算符连接起来的有意义的式子称为算术表达式，其运算符的优先级如表 1-7 所示，其中序号小的优先级高（圆括号的优先级为"1"最高）。

表 1-7 算术及增减量运算符

运算符	含义	功能	优先级
＋	加法	求两个数的和,如 12＋5→17	4
－	减法	求两个数的差,如 12－5→7	4
＊	乘法	求两个数的积,如 12＊5→60	3
/	除法	求两个数的商,整数相除商为整数,如 13/5→2	3
％	取余	求两个整数相除后的余数,如 13％5→3	3
++	自加 1	整型变量自动加 1	2
－－	自减 1	整型变量自动减 1	2

【温馨提示】

① 取余运算只能对两个整数进行;② 自加与自减运算只能对整型变量进行,它们的作用是使变量值自动加 1 或减 1,它们各自又分为前置运算和后置运算,如已知有 int m＝n＝5;请仔细区分下面的区别:

k＝++m;//++m 为前置运算,它是先执行 m+1→m,再把结果赋给 k,运算结果是 m 和 k 都为 6;

t＝n++;//n++为后置运算,它是先使用 n 的值,即 5→t,再执行 n+1→n,运算结果是 t 为 5,n 为 6。

【做一做】

① 已知有 int m＝n＝5;则执行 k＝－－m ; 与 t＝n－－;后,求 m、n、k、t 各自的值。

② 比一比,看哪一组能把下面的问题先做出来:

已知 KK(如 892),请把其个位、十位、百位分离出来并依次放到 buff[0]、buff[1]、buff[2] 中,用流程图表示其实现过程(请用整除"/"与求余"％"运算符实现)

【温馨提示】

在 C51 中也可以使用复合赋值运算符,如"t＋＝5"为加法赋值,相当于 t＝ t＋5,其余的以此类推。

(3) 关系(逻辑)运算符

在前面介绍过的条件判断中,常常要比较两个表达式的大小关系,以决定程序的下一步走向。对两个表达式的量进行比较的运算符称为关系运算符,由此构成的表达式称为关系表达式,关系表达式运算的结果为逻辑值真(非 0)或假(0)。关系表达式的格式:

表达式 1   关系运算符   表达式 2

逻辑表达式是通过逻辑运算符把取值为逻辑量的表达式连接起来的一个式子,其结果还是逻辑值"真"或"假"。

C51 中的关系(逻辑)运算符及运算优先级如表 1-8 所示。

逻辑与、逻辑非、逻辑或的运算规则:

① 逻辑与 &&:当且仅当运算符"&&"两边运算量的值都为"真"时,运算结

果才为真，否则就为假。

②　逻辑或||：只要运算符"||"两边运算量的值有一个为"真"时，运算结果就为真，否则才为假。

③　逻辑非!：运算符"!"为单目运算，当运算量的值为"假"时，运算结果为真，否则就为假。

表 1-8　关系（逻辑）运算符

关系(逻辑)运算符	含义	优先级
＞	大于	6
＞=	大于等于	6
＜	小于	6
＜=	小于等于	6
==	测试相等	7
! =	测试不等	7
!	逻辑非	2
&&	逻辑与	11
||	逻辑或	12

【温馨提示】

请注意"="与"=="的区别，"="是赋值运算，而在条件是否相等的判断中务必要用"=="，初学者往往会在这方面犯错。"! ="则用于判断两边的两个数是否不相等。

【试一试，想一想】

把本任务中行号为 10 的语句"if(SW= =0)"改成"if(SW=0)"再编译程序，然后再用 Proteus 仿真运行，并观察会有什么样不同的结果，想一想结果为什么是这样？

（4）位运算符

MS-51 系列单片机应用系统的设计，归根结底是对 I/O 端口的操作，因此对位的运算与处理就显得非常重要，而 C51 提供了灵活的位操作与运算，使得 C51 语言也能像汇编语言一样对硬件进行直接操作，也正如此才使得 C51 越来越得到开发人员的认可。

C51 提供了 6 种位运算，如表 1-9 所示。位运算符的作用是按二进制位对变量进行运算。

表 1-9　位运算符

位运算符	含义	优先级
~	按位取反	2
<<	左移	5

续表

位运算符	含义	优先级
>>	右移	5
&	按位与	8
^	按位异或	9
|	按位或	10

设 a、b 为位变量，则相对应的位运算的关系如表 1-10 所示。

表 1-10　位运算真值表

a	b	~a	a&b	a|b	a^b
0	0	1	0	0	0
0	1	1	0	1	1
1	0	0	0	1	1
1	1	0	1	1	0

【温馨提示】

"与""或""非"运算符有逻辑运算与位运算之分，请注意它们之间的区别。对于逻辑运算，参与运算的数作为一个整体只有两种情况：真（非 0）与假（0）。而对于位运算，参与运算的数是以一个位、一个位分别进行的。

【做一做】

已知 x、y 均为字符型变量，其对应二进制值为：x＝01010000B，y＝11110101B。现给定相应的逻辑运算与位运算如表 1-11 所示，试写出对应的结果。

表 1-11　逻辑运算与位运算

逻辑运算		位运算	
逻辑表达式	运算结果	位运算表达式	运算结果
x&&y	1	x&y	01010000B
x||y	1	x|y	11110101B
!x	0	~x	10101111B

【温馨提示】

按位与运算通常用来对某些位进行清零或保留某些位，如要保留 X 中的低 4 位而清除 X 中的高 4 位，可写成"X＝X&0x0F"（其中 0X0F 对应的二进制数为 00001111B）；而按位或运算则通常用于把指定位置为 1 或保留某些位的操作，如要保留 X 中的低 4 位而把 X 中的高 4 位置 1，可写成"X＝X｜0xF0"（其中 0XF0 对应的二进制数为 11110000B）。

左移运算符与右移运算符，它们的功能是把运算符左边操作数的二进制位全部左移或右移若干位，移动的位数由运算符右边的常数指定，移走的位补 0，而被移出的位则丢失。

【做一做】

已知 x、y 均为字符型变量，其对应二进制值为：x＝01010000B，y＝11110101B。那么当执行 y＝y＜＜3，x＝x＞＞2 后，x、y 的值分别是多少？

（5）逗号运算符与逗号运算表达式

在 C 语言中，逗号"，"也是一种运算符，称为逗号运算符，其功能是把多个表达式连接起来以构成逗号表达式，其一般形式为：

表达式 1，表达式 2，…，表达式 n

逗号表达式的求解过程是从左向右进行的。在实际应用中使用逗号表达式往往并不是要求出整个逗号表达式的值，而是要求出各自表达式的值，只是为了简化书写而已。

【温馨提示】

并不是所有出现"，"的地方都构成逗号表达式，如"char x，y；"，其中的逗号只是一种变量之间的分隔符。

（6）条件运算符"？　："

条件运算符"？　："，它要求有 3 个运算对象，由此构成的表达式称为条件表达式，其一般形式如下：

逻辑表达式？表达式 1　：表达式 2

条件运算符是根据逻辑表达式的值选择使用表达式的值，当逻辑表达式为真（非 0）时，整个表达式的值取表达式 1 的值，当逻辑表达式为假（0）时，整个表达式的值取表达式 2 的值。

如：min＝(a＜b)？a:b　//当 a＜b 时则 min＝a；而当 a＞＝b 时则 min＝b

【任务考核与评价】

评价项目	评价内容	分值	自我评价	小组评价	教师评价	得分
技能目标	①能完成项目任务	20				
	②能独立编写延时程序	10				
	③会排除一般的语法错误	10				
知识目标	①能领会 C 程序的基本结构及特点	10				
	②能掌握 C51 的基本数据类型	10				
	③能领会 C51 运算符及表达式	10				
情感态度	①出勤情况	5				
	②纪律表现	5				
	③实操情况	10				
	④团队意识	10				
总分		100				

【巩固复习】

一、填空题

（1）一个 C 源程序必须也只能有一个（　　　）函数。

（2）C 语言中语句以（　　　）为结束标志。

（3）C51 中的字符串以（　　　）作为结束符。

（4）无符号字符型数据的取值范围为（　　　　）。

（5）已知 x、y 均为字符型变量，其对应二进制值为：x＝11010101B，y＝10101100B。现给定相应的逻辑运算与位运算如下表，试写出对应的结果。

逻辑运算		位运算	
逻辑表达式	运算结果	位运算表达式	运算结果
x&&y		x&y	
x||y		x|y	
! x		～x	
		x＾y	
		x＜＜2	
		y＞＞3	

（6）在 MedWin 环境中，若编译过程出现类似"syntax error"则表示程序有（　　）。

二、选择题

（1）下面叙述不正确的是（　　）。

A. 一个 C 程序可以由一个或多个函数组成

B. 一个 C 源程序必须包含一个 main（　　）函数

C. 在 C 程序中，注释说明只能位于一条语句的后面

D. C 程序的基本组成单位是函数

（2）C 程序总是从（　　）开始执行的。

A. 主函数　　　　B. 第一条语句　　　　C. 程序中第一个函数　　　　D. 主程序

（3）在 C51 中若一个变量的取值范围为 20～180，则应该把该变量定义为（　　）最为合适。

A. char　　　　B. unsigned char　　　　C. bit　　　　　　　　D. int

（4）在 C51 中能确保整型变量 T 最高位保持为 1 而其余不变的式子是（　　）。

A. T＝T｜0x80　　　　　　　　　　　B. T＝T&0x80

C. T＝T｜0x8000　　　　　　　　　　D. T＝T&0x8000

❀【实战提高】

1. 参照图 1-39，实现楼道路灯的延时控制，即按下开关时灯亮，放开后让灯再亮一定的时间后才熄灭，试编写程序并在 Proteus 上仿真运行。

2. 为了方便开关灯，在房间里往往一盏灯由两个开关控制，如图 1-39 所示。设开关 S1 与 S2 同时打开或同时闭合灯灭，开关 S1 与 S2 一开一关时灯亮。试编写程序，编译成功后再用 Proteus 仿真运行。

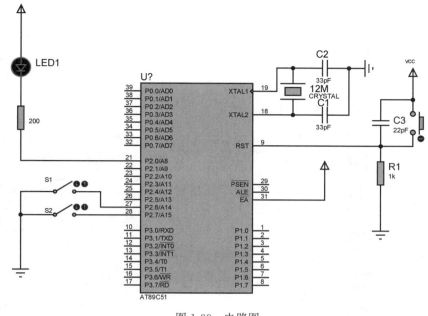

图 1-39 电路图

任务 3 流水灯制作

【任务导入】

让 8 只 LED 灯依次从上到下（或从左到右）不断循环显示（每次一只亮）。

【任务目标】

知识目标

（1）掌握不同进制之间的转换。

（2）理解 C 程序的基本结构。

技能目标

（1）能够编写简单的 C51 程序。

（2）会使用软件排除语法错误。

素养目标

（1）文明、规范操作，培养学生对操作的责任心和敬业精神。

（2）培养学生培养出团队合作的精神和沟通交流的能力。

【任务组织形式】

采取以小组为单位的形式互助学习，有条件的每人一台电脑，条件有限的可以两人合用一台电脑。用仿真实现所需的功能后，如果有实物板（或自制硬件电路），可把程序下载到实物板上再运行、调试，学习过程中鼓励小组成员积极参与讨论。

【任务实施】

一、创建硬件电路

实现此项目的电路原理图如图 1-40 所示。

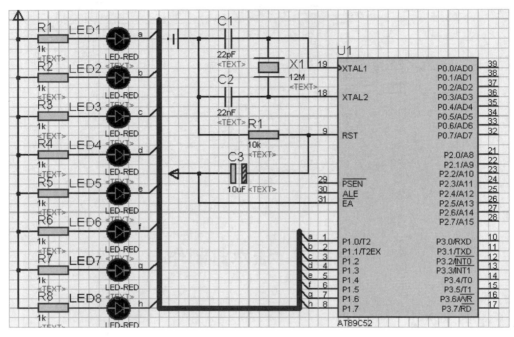

图 1-40　流水灯示意图

电路说明：8 只 LED 灯从上到下，一端与 P1.0～P1.7 相连，另一端通过一只电阻与电源相连。当 P1 口的某一端为低电平时对应的 LED 灯就亮，相反就灭。实现此功能的系统元器件清单如表 1-12 所示。

表 1-12　流水灯控制系统元器件清单

元器件名称	参数	数量	元器件名称	参数	数量
电解电容	22μF	1	IC 插座	DIP40	1
瓷片电容	30pF	2	单片机	89C52	1
晶体振荡器	12MHz	1	电阻	200Ω	8
弹性按键		1	发光二极管		8
电阻	1kΩ	1			

注：表中灰色底纹部分为系统时钟与复位电路所需的元器件，在图 1-40 中未画出，参见图 1-2。

二、程序编写

1. 流程图

流水灯流程图如图 1-41 所示。

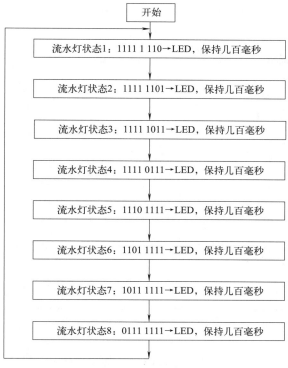

图 1-41　流水灯流程图

2. 编写的程序

【试一试、想一想】

在图 1-41 中，共有 8 处要用到保持几百毫秒的延时程序段，固然可以每一处都单独写一段，那有没有方法避免这种简单的重复书写呢？

【温馨提示】

把它单独写成一个延时函数，流水灯程序如表 1-13 所示。

表 1-13　流水灯程序

行号	程序
01	/＊ liushuideng ＊/
02	＃include ＜REG52. H＞
03	＃define LED P1
04	void delay()
05	{
06	unsigned int t；//定义 t 为无符号整型变量
07	t＝0；
08	while(t＜30000)　　t＋＋；//每循环一次 t 加 1,直到 t 大于等于 30000 退出
09	}
10	main()　　　　//主函数
11	{
12	while(1)
13	{
14	LED＝0Xfe；　//跑马灯状态 1:1111 1110

续表

行号	程序
15	delay();
16	LED＝0Xfd;　　//跑马灯状态2:1111 1101
17	delay();
18	LED＝0Xfb;　　//跑马灯状态3:1111 1011
19	delay();
20	LED＝0Xf7;　　//跑马灯状态4:1111 0111
21	delay();
22	LED＝0Xef;　　//跑马灯状态5:1110 1111
23	delay();
24	LED＝0Xdf;　　//跑马灯状态6:1101 1111
25	delay();
26	LED＝0Xbf;　　//跑马灯状态7:1011 1111
27	delay();
28	LED＝0X7f;　　//跑马灯状态8:0111 1111
29	delay();
30	}
31	}

3. 程序说明

① 03 行：♯define LED P1 为宏定义命令，定义后在程序中"LED"将代表 51 的"P1"口。

宏定义命令的一般格式为：♯define　标识符　字符串

宏定义中的标识符称为"宏名"，习惯上用大写字母表示；字符串称为"宏体"，可以是常量、关键字、语句、表达式等。在编译预处理时，将对程序中所有出现的"宏名"，都用宏定义中的字符串去替换（称为"宏替换"或"宏展开"）。

② 04～09 行：为一自定义函数，delay 为函数名，其前面的 void 代表此函数无返回值，函数名之后花括号里面的语句是函数体。本函数是一个延时函数，如前所述，它纯粹是为了消磨一定的时间。改变 while 中条件的范围将改变延时的时间。

③ 14～29 行：为依次按一定时间间隔显示跑马灯的 8 种状态，这一程序较为直观但过程基本重复，可以进行简化。

三、创建程序文件并生成 .hex 文件

打开 MedWin，新建项目文件，创建程序文件，输入上述程序，然后按工具栏上的"产生代码并装入"按钮（或按 CTRL＋F8），如果编译发现错误需对程序进行修改，直到编译成功，此时将在对应项目文件夹的 Output 子目录中生成目标文件。

四、运行程序观察结果

在 Proteus 中打开任务 3 设计电路，把已编译所生成的文件下载到单片机中，再运行同时观察结果。

如果有实物板可把程序下载到实物板上再运行、调试。也可以根据图 1-40 提供的

原理图与器件清单在万能板上搭出电路后再把已编译所生成的 .hex 文件下载到单片机中，然后再调试运行。

【知识链接】

一、C51 中常用的进制

要使用计算机处理信息，首先必须使计算机能够识别它们。由于计算机硬件是由电子元器件组成的，而电子元器件大多有两种稳定的工作状态，可以很方便地用来表示"0"和"1"。为此从第一台计算机到现在，计算机内部都采用"0"和"1"表示的二进制数，这就意味着对任何要由计算机处理的信息都必须转换成二进制数的形式。但我们习惯用的是十进制数，因此就存在着二进制数与十进制数之间转换的问题。此外，为了简化二进制的表示，又引入了八进制和十六进制。

1. 进位计数制

（1）二进制

平时我们习惯用的是十进制数，"逢十进一，借一当十"是十进制的特点。对于二进制数，"逢二进一，借一当二"便是二进制数的特点。通常在表示二进制数据时在其最后加 B 作为后缀以示同其他进制数的区别，如 101B。

（2）十六进制数

十六进制数是"逢十六进一，借一当十六"。十六进制的数码有 16 个，除 0～9 外、分别用 A、B、C、D、E、F 对应十进制的 10、11、12、13、14、15，这里字母不分大小写。平时在表示十六进制数时一般在最后面加上后缀 H，十进制数（可以不加后缀或加后缀 D）10＝AH，而在 C 语言中要写成 0x0A（或 0x0a），其中"0x"表示该数为十六进制数。表 1-14 为 1 位十六进制数所对应的十进制数和二进制数。

表 1-14　二、十、十六进制之间的关系

十六进制	十进制	二进制	十六进制	十进制	二进制
0	0	0000	8	8	1000
1	1	0001	9	9	1001
2	2	0010	A	10	1010
3	3	0011	B	11	1011
4	4	0100	C	12	1100
5	5	0101	D	13	1101
6	6	0110	E	14	1110
7	7	0111	F	15	1111

2. 不同进制间的互换

（1）二进制数与十六进制数的互换

二进制数与十六进制数的互换很有规律，每 4 位二进制数完全与 1 位十六进制数相

对应，并遵循 8421 规则，如表 1-14 所示，因此它们通过口算可以得到。

例：①1101011.11001 B＝（ ？ ）H　②5A.6H＝（ ？ ）B

解：

① 补1个0　　　　　　　　　　　补3个0　　②

```
 0110    1011 · 1100    1000
  ↓       ↓     ↓        ↓
  6       B  ·  C        8
```

　　　　　　　　　　　　　　　　　　　　　5A.6
　　　　　　　　　　　　　　　　　　0101　1010　0110

即：1101011.11001 B＝（ 6B.C8 ）H　　5A.6H＝（ 1011010.011 ）B

【做一做】

①11011010110B＝（ ？ ）H　②7C6BH＝（ ？ ）B

（2）二进制数、十六进制数转换成十进制数

二进制、十六进制数转换为十进制数十分简单，可以采用按权展开相加法。

例：①（10111.11）B＝（ ？ ）D　②5A.8H＝（ ？ ）D

解：

① $(10111.11)_2 = 1 \times 2^4 + 1 \times 2^2 + 1 \times 2^1 + 1 \times 2^0 + 1 \times 2^{-1} + 1 \times 2^{-2}$
　　　　　　　$= 16 + 4 + 2 + 1 + 0.5 + 0.25$
　　　　　　　$= 23.75$

即（10111.11）B＝（ 23.75 ）D

② $5A.8H = 5 \times 16^1 + 10 \times 16^0 + 8 \times 16^{-1}$
　　　　　$= 80 + 10 + 0.5$
　　　　　$= 90.5$

即：5A.8H＝（ 90.5 ）D

【做一做】

①1101101B＝（ ？ ）D　②7CH＝（ ？ ）D

（3）十进制数转换成二进制数、十六进制数

十进制数转换为二进制数、十六进制数，其整数转换与小数转换的规则不同，需要分开进行转换。十进制整数转换为二进制（或十六进制数）整数，采用除 2（或除 16）取余倒序排列法。即将十进制数的商反复整除以 2（或除 16），直到商等于零为止，再把各次整除所得的余数从后往前连接起来，就可得到相应的二进制（或十六进制数）整数。

而十进制小数转换为二进制（或十六进制数）小数，采用乘 2（或乘 16）取整顺序排列法。

下面以整数为例说明。

例：①23＝（ ？ ）B　②188＝（ ？ ）H

解：①　②

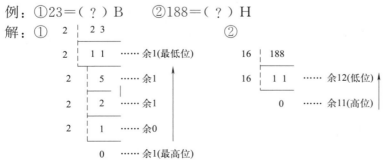

即：①23＝（10111）B   ②188＝（BC）H

【做一做】

①74＝（ ? ）B   ②370＝（ ? ）H

【温馨提示】

综上所述可以看出，十进制数与二、十六进制数的互换一般要通过计算得到，比较麻烦，不过在计算机中可以用 Windows 系统自带的计算器方便地进行不同进制整数之间的转换，而在 C51 中经常用到的基本都是整数。

例：AB89H 转换为十进制＝（ ? ），如图 1-42 所示，在科学型计算器模式下选中十六进制，并输入 "AB89"，然后选中十进制就可看到相对应的十进制数了。

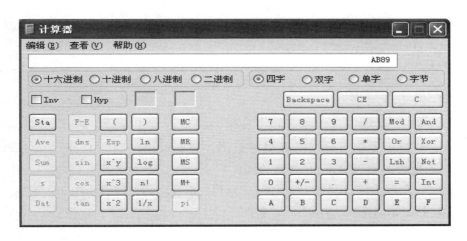

图 1-42 科学型计算器

【做一做】

① 十进制数 218→（   ）H→（   ）B

② 11010110110B→十进制为（   ）

③ 6F7DH→十进制为（   ）

3. 十六进制的加减运算

遵循 "逢 16 进 1，借 1 当 16" 的基本规则。

例：①4AH＋78H＝（   ）H   ②E5H－37H＝（   ）H

【做一做】

①8A7H＋579H＝（   ）H   ②D5BH－7AEH＝（   ）H

二、C 程序的基本结构

C 程序的基本结构可分为顺序程序、分支程序和循环程序。顺序程序中的各语句是自上而下依次执行的，分支程序要根据具体情况来决定执行的路线，而循环程序则是要对某一程序段反复执行若干次。

1. 分支程序设计

分支程序是根据条件语句（分支语句）的真或假来选择执行某条语句，在 C 语言中构成分支的语句有 if 语句和 switch 语句。

（1）if 语句

if 语句有 3 种格式，如表 1-15 所示。

表 1-15　if 语句格式

格式	功能
if（条件表达式）语句	若表达式的结果为真则执行语句,否则跳过
if（条件表达式）语句 1 else 语句 2	若表达式的结果为真则执行语句 1,否则执行语句 2
if（条件表达式 1）语句 1 else if（表达式 2）语句 2 …… else if（表达式 m）语句 m else 语句 n	若表达式 1 的值为真则执行语句 1,否则若表达式 2 的值为真则执行语句 2,……,依次判断,所列出的条件均不满足则执行语句 n

例：登记成绩时要把百分制折算成等级制，现要求把某同学的分数 fs 折算成对应的等级 dj，规则为：大于等于 90 分为 A（优）、小于 90 而大于等于 75 为 B（良好）、小于 75 而大于等于 60 为 C（及格）、小于 60 为 D（不及格），运行结果同时反映在 A、B、C、D 四盏灯上，如图 1-43 所示。

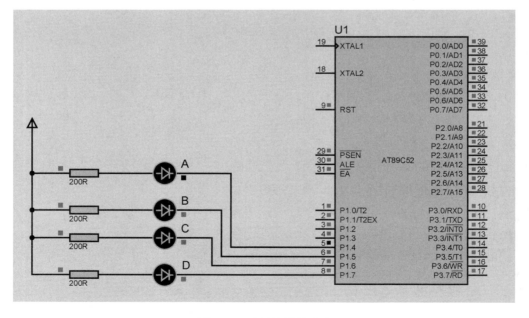

图 1-43　运行结果的反映

对应的程序如下表左边所示，同时请用格式 1 重写程序并填写在下表的右边。

采用格式 3	请用格式 1 重写
| ```c
#include <REG52.H>
#define uchar unsigned char
sbit leda=P1^4;sbit ledb=P1^5;
sbit ledc=P1^6;sbit ledd=P1^7;
uchar dj,fs=92;
main()          //主函数
{
    if(fs>=90 )
  { //对应等级 A
        dj='A';
        leda=0;
        ledb=ledc=ledd=1;
  }
    else if(fs>=75)
  {   //对应等级 B
        dj='B';
        ledb=0;
        leda=ledc=ledd=1;
  }
    else if(fs>=60)
  {   //对应等级 C
        dj='C';
        ledc=0;
        ledb=leda=ledd=1;
  }
    else
  {   //对应等级 D
        dj='D';
        ledd=0;
        ledb=ledc=leda=1;
  }
    while(1);
}
``` |  |

【温馨提示】

对某一特定的数据程序的运行结果是对的，能否就说明程序是正确的呢？

一般说还不能马上断定。原则上应该让程序在所有不同的分支上都执行过一遍且结果是对的才能说明程序基本是正确的。如本例中，应该让分数 fs 的值分别落在不同的范围（含边界上）并分别编译运行程序，如果对应的结果都是对的那就可以说本程序是正确的。

请对用格式 1 改写的程序分别设置 fs 的值为 90、80、75、63、42，再依次编译、运行程序，以检验程序的正确性。

（2）switch 语句

对于多分支的处理，switch 语句比 if 语句的嵌套具有更好的可读性，其形式如下：

switch（表达式）
```

```
{
    case 常量表达式 1：语句 1；break；
    case 常量表达式 2：语句 2；break；
    case 常量表达式 3：语句 3；break；
    ……；
    case 常量表达式 m：语句 m；break；
    default：语句 n
}
```

如果要加深对 switch 语句的理解，同学们可以思考下如何改写上例，从上例来讲用 switch 语句还显得更麻烦一些，不过若同学们能仔细分析或对本例进行讨论，它必将有助于对 switch 语句的理解。

例：设计一个单片机系统，实现以下功能：①通过开关控制指示灯的点亮和熄灭。②指示灯有三种状态：常亮、闪烁、熄灭。③可以通过开关选择指示灯的状态。

要求：①画出单片机系统的电路图如图 1-44 所示。②编写控制程序，实现指示灯的三种状态。③编写一个简单的 C 程序，通过开关输入信号，控制指示灯的状态。调试程序，确保系统正常工作。

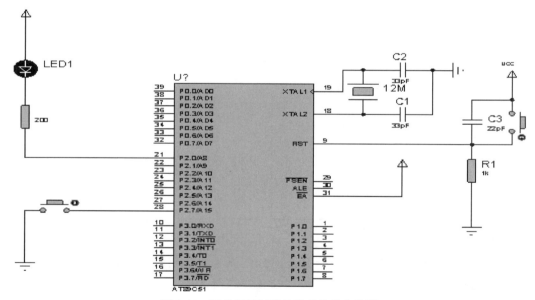

图 1-44　开关指示灯单片机系统的电路图

对应的 C 程序如下所示。

```
sbit LED＝P2＾0；//定义 LED 指示灯的引脚
sbit SW＝P2＾7；//定义开关的引脚
unsigned char state＝0；//定义指示灯的状态，0 表示常亮，1 表示闪烁，2 表示熄灭
void delay(unsigned int time)//延时函数
{
    unsigned int i,j;
```

```
for(i=0;i<time;i++)
    for(j=0;j<127;j++);
}
void main(){
    while(1){
        if(SW == 0){ //如果开关按下
            switch(state){ //根据当前状态进行切换
            case 0:LED=0;break;//常亮状态
            case 1：       //闪烁状态
                LED=0；
                delay(500);//延时函数,控制闪烁频率
                LED=1；
                delay(500);//延时函数,控制闪烁频率
                break；
            case 2:LED=1;break;//熄灭状态
            }
        }
    }
}
```

2. 循环程序设计

循环是反复执行某一部分程序段的操作，在 C51 中构成循环控制的语句有 while、do-while、for 等语句。

（1）while 语句

在之前所介绍的各程序中基本都有用到 while 语句，说明此语句在 C51 中的重要性。while 语句的一般形式为：

while（表达式）语句

其中表达式是循环条件，语句为循环体。while 语句的语义是：计算表达式的值，当值为真（非 0）时执行循环体语句，否则退出 while 循环，如图 1-45 所示。

例如：

unsigned char i=50,sum；

while(i--)

sum=sum+i;

本例程序将执行 50 次循环，i 从 50 开始每执行一次，i 值减 1 直到 0 为止。最后 sum=50×(1+50)/2=1275。

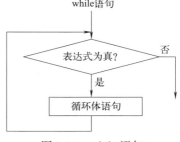

图 1-45　while 语句

【温馨提示】

对 while(1) 之类的循环语句，因其循环条件为永真，所以一般需要在循环体内用 if 语句加以判断，满足一定条件时执行。break 语句才能退出循环。

（2）do-while 语句

do-while 语句一般形式为：

do

　{语句}

while(表达式);

其中表达式是循环条件，语句为循环体。do-while 语句的特点是先执行循环体，然后再判断循环条件是否成立，当循环条件为真（非 0）时继续执行循环体语句，否则退出循环执行 while 后续语句，如图 1-46 所示。

修改示例如下：

unsigned char i＝50,sum ；

do

   sum＝sum＋i；

while（－－i）；

本例程序同样执行 50 次循环，结果与上述相同。

（3）for 语句

for 语句的一般形式：

for（循环变量初值；循环条件；循环变量增值）

   语句

其执行过程如图 1-47 所示。

例如：

unsigned char i,sum ；

for(i＝1;i＜＝50;i＋＋)

   sum＝sum＋i；

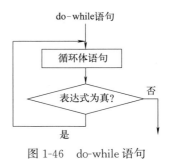

图 1-46 do-while 语句

其中的"i＝1"是将循环变量 i 设置为 1，"i＜＝50"是指定循环条件：当循环变量 i 的值小于或等于 50 时，循环继续进行。"i＋＋"的作用是使循环变量 i 的值不断变化，以便最终满足终止循环的条件，使循环结束。本例的结果与上例相同。

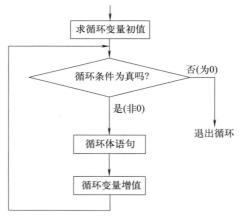

图 1-47 for 语句执行过程

前面已提到，任务 3 中的程序有许多重复，下面就对主函数进行简化，主函数改写方法之一如下，请对源程序修改后再运行。

```
main()          //主函数
{
    unsigned char k ,t;        //定义 2 个无符号的字符型变量
```

```
while(1)
{
    k=0x01;          //k初值为0000  0001
    for(t=0;t<8;t++)  //循环8次
    {
        LED= ~k;      //k按位取反后赋给LED,每次只有一位为低电平
        delay();
        k=k<<1;        //k向左移一位,k每次只有一位为1
    }
}
}
```

（4）break 与 continue 语句

break 语句的作用是用于强行退出循环体，其格式为：

break;

continue 语句的作用是结束本次循环，即跳过循环体中下面的语句，并跳转到下一次循环周期。

其格式为：

continue;

break 与 continue 语句的区别是：continue 语句只结束本次循环，而不是终止整个循环的执行，而 break 语句则是结束整个循环过程，继而执行循环的后继语句。

【小课堂】

程序控制与算法：在学习 while、for 循环等基本语句的过程中，可以引入程序控制的概念，让学生理解程序执行的流程和逻辑，培养他们的逻辑思维和判断能力。同时，通过讲解不同算法的优劣，可以引导学生形成优化思维，追求最优解。

问题解决能力：在学习 while、for 循环等基本语句的过程中，可以设置一些复杂的问题，让学生通过编程来解决。这可以培养学生的问题解决能力，同时也可以提高他们的实践能力和创新意识。

抽象思维与归纳能力：在学习 while、for 循环等基本语句的过程中，可以引导学生观察和分析问题的共性，通过抽象思维和归纳能力，总结出解决问题的通用方法。这有助于培养学生的创新思维和科学素养。

耐心与细心：编程需要耐心和细心，一个微小的错误可能导致整个程序的失败。在学习 while、for 循环等基本语句的过程中，可以强调这一点，培养学生严谨的科学态度和良好的学习习惯。

爱国主义教育、科学精神的融入：在学习 while、for 循环等基本语句的过程中，可以融入课程思政的内容，如爱国主义教育、科学精神等。例如，通过介绍中国科学家在单片机领域的研究成果和应用案例，让学生感受到中国科技的发展和进步，激发他们的民族自豪感和自信心。

三、电路图绘制

电路的核心是单片机 AT89C52，晶振 X1 和电容 C1、C2 构成单片机时钟电路，单

片机的 P1 口接 8 个发光二极管，二极管的阳极通过限流电阻接到电源的正极，如图 1-48 所示。

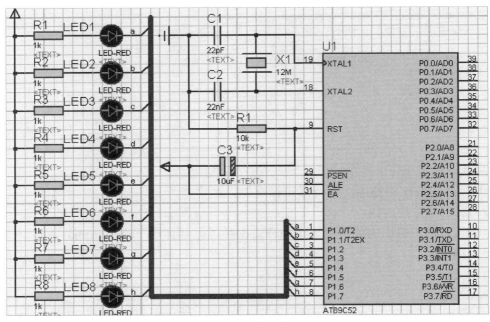

图 1-48　绘制电路图

1. 将需要用到的元器件加载到对象选择器窗口。

单击对象选择器按钮 P 如图 1-49 所示，弹出 "Pick Devices" 对话框，在 "Category" 下面找到 "Mircoprocessor ICs" 选项，鼠标左键单击一下，在对话框的右侧会出现大量常见的各种型号的单片机。找到 AT89C52，双击 "AT89C52"。这样，在左侧的对象选择器中就有 AT89C52 这个元件了。

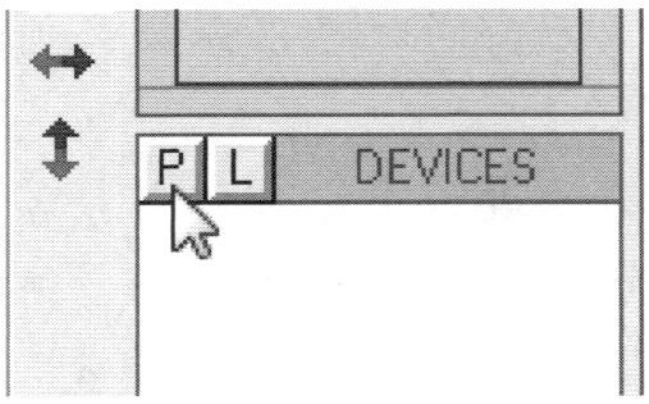

如果知道元件的名称或者型号，可以在 "Keywords" 输入 AT89C52，系统会在对象库中进行搜索查找，并将搜索结果显示在 "Results" 中，如图 1-50 所示。

在 "Results" 的列表中，双击 "AT89C52"，即可将 AT89C52 加载到对象选择器窗口内。

图 1-49　对象选择器按钮

接着在 "Keywords" 中输入 CRY，在 "Results" 的列表中，双击 "CRYSTAL" 将晶振加载到对象选择器窗口内，如图 1-51 所示。

将 AT98C52、晶振加载到对象选择器窗口内后，还缺 CAP（电容）、CAP POL（极性电容）、LED-RED（红色发光二极管）、RES（电阻）。只需要依次在 "Keywords" 中输入 CAP、CAP POL 、LED-RED、RES，在 "Results" 的列表中，把需要用到的元件加载到对象选择器窗口内即可。

在对象选择器窗口内鼠标左键单击 "AT89C52" 会发现在预览窗口看到 AT89C52 的实物图，且绘图工具栏中的元器件按钮 ⇨ 处于选中状态。单击 "CRYSTAL" "LED-RED" 也能看到对应的实物图，按钮也处于选中状态，如图 1-52 所示。

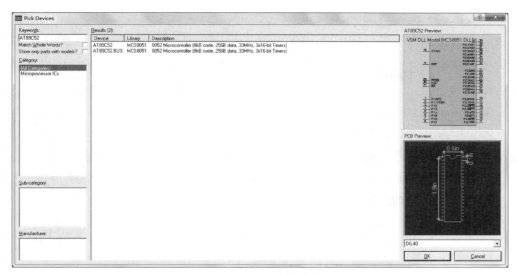

图 1-50 输入关键词查找元件 AT89C52

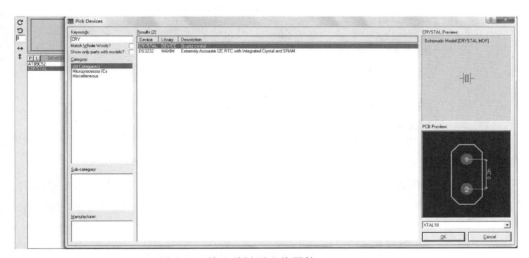

图 1-51 输入关键词查找器件 CRYSTAL

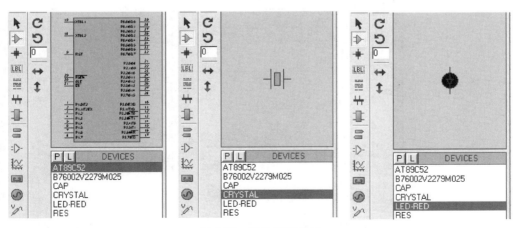

图 1-52 器件预览窗口

2. 将元器件放置到图形编辑窗口

在对象选择器窗口内，选中 AT89C52，如果元器件的方向不符合要求可使用预览对象方位控制按钮进行操作。如用按钮 🔄 对元器件进行顺时针旋转，用按钮 🔁 对元器件进行逆时针旋转，用 ↔ 按钮对元器件进行左右反转，用按钮 ↕ 对元器件进行上下反转。元器件方向符合要求后，将鼠标置于图形编辑窗口中元器件需要放置的位置，单击鼠标左键，出现紫红色的元器件轮廓符号（此时还可对元器件的放置位置进行调整）。再单击鼠标左键，元器件被完全放置（放置元器件后，如还需调整方向，可使用鼠标左键，单击需要调整的元器件，再单击鼠标右键从菜单中进行调整）。同理将晶振、电容、电阻、发光二极管放置到图形编辑窗口，如图 1-53 所示。

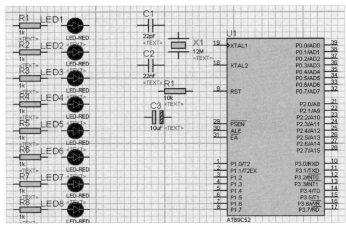

图 1-53　放置元器件

图中已将元器件编好了号，并修改了参数。修改的方法是：在图形编辑窗口中，双击元器件，在弹出的 "Edit Component" 对话框中进行修改。现在以电阻为例进行说明，如图 1-54 所示。

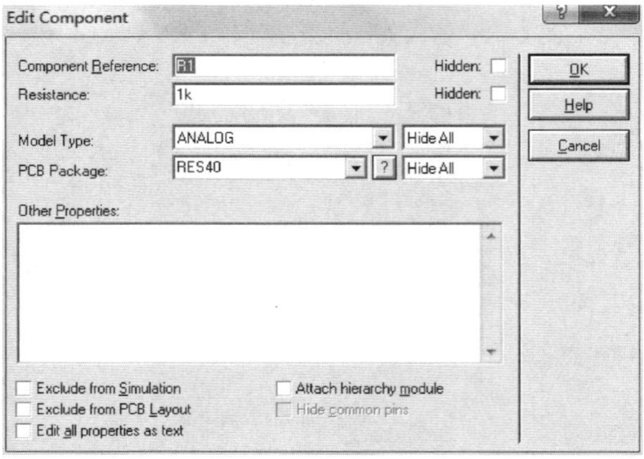

图 1-54　元器件编辑

把 "Component Reference" 中的 R? 改为 R1，把 "Resistance" 中的 10k 改为 1k。

修改好后单击 ![OK] 按钮，这时编辑窗口就有了一个编号为 R1、阻值为 1k 的电阻了。大家只需重复以上步骤就可对其他元器的参数进行修改了。

由于电阻 R1～R8 的型号均相同，因此可利用复制功能进行绘制。将鼠标移到 R1，单击鼠标左键，选中 R1，在标准工具栏中，单击复制按钮 ![复制]，拖动鼠标，按下鼠标左键，将对象复制到新位置，如此反复，直到按下 ESC 键或单击鼠标右键，结束复制。元件的序号会自动按顺序增加。

3. 元器件与元器件的电气连接。

Proteus 具有自动线路功能（Wire Auto Router），当鼠标移动至连接点时，鼠标指针处出现一个虚线框，如图 1-55 所示。

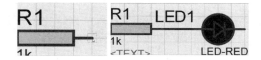

图 1-55　自动连线功能

单击鼠标左键，移动鼠标至 LED-RED 的阳极，出现虚线框时，单击鼠标左键完成连线，如图 1-55 所示。

同理，完成其他连线。在此过程中，按下 ESC 键或者单击鼠标右键都可以放弃连线。

4. 放置电源端子。

单击绘图工具栏的 ![按钮] 按钮，使之处于选中状态。单击选中"POWER"，放置两个电源端子；单击选中"GROUND"，放置一个接地端子。放置好后完成连线，如图 1-56 所示。

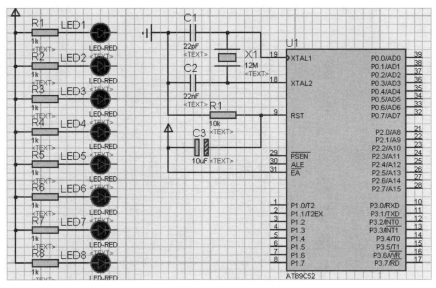

图 1-56　放置电源端子

5. 在编辑窗口绘制总线

单击绘图工具栏的 ┳ 按钮，使之处于选中状态。将鼠标置于图形编辑窗口，单击鼠标左键，确定总线的起始位置；移动鼠标，屏幕出现一条蓝色的粗线，选择总线的终点位置，双击鼠标左键，这样一条总线就绘制好了，如图 1-57 所示。

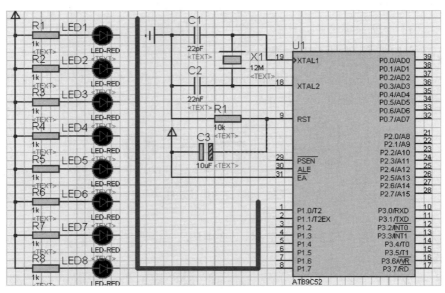

图 1-57　绘制总线

6. 元器件与总线的连线

绘制与总线连接的导线的时候为了和一般的导线区分，一般画斜线来表示分支线。此时，需要决定走线路径，在拐点处单击鼠标左键即可。在绘制斜线时需要关闭自动线路功能（Wire Auto Router），可通过使用工具栏里的 WAR 命令按钮 ![img] 关闭。绘制完成后的效果如图 1-58 所示。

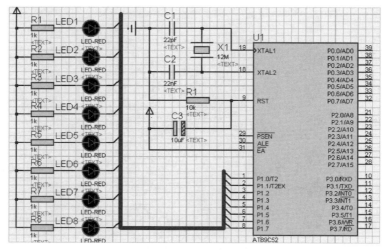

图 1-58　绘制完成后的电路图

7. 放置网络标号

单击绘图工具栏中的网络标号按钮 ▣ 使之处于选中状态。将鼠标置于欲放置网络标号的导线上，这时会出现一个"×"，表明该导线上可以放置网络标号。单击鼠标左键，弹出"Edit Wire Label"对话框，在"String"输入网络标号名称（如 a），单击 OK 按钮，完成该导线的网络标号的放置。同理，可以放置其他导线的标号。注意：在放置导线网络标号的过程中，相互接通的导线必须标注相同的标号，如图 1-59 所示。

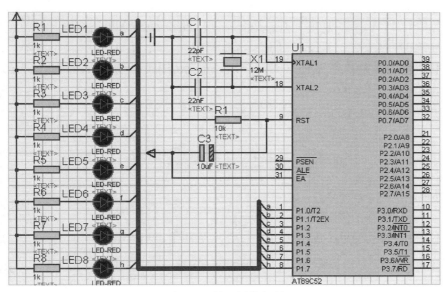

图 1-59　放置网络标号

至此，整个电路图的绘制便完成了。

四、电路调试

在进行电路调试前需要设计和编译程序，并加载编译好的程序。

📁【任务考核与评价】

评价项目	评价内容	分值	自我评价	小组评价	教师评价	得分
技能目标	①能完成项目任务	20				
	②能编写简单的 C51 程序	10				
	③会测试程序的正确性	10				
知识目标	①能掌握不同进制间的转换	10				
	②能领会 C51 程序的基本结构	20				
情感态度	①出勤情况	5				
	②纪律表现	5				
	③实操情况	10				
	④团队意识	10				
总分		100				

✎【巩固复习】

一、填空题

（1）结构化程序设计的三种基本结构是（　　　）、（　　　）和（　　　）。

（2）While 语句与 do-while 语句的区别在于：While 语句是（　　　　　　），而 do-while 语句（　　　　　　）。

（3）采用手工方法完成下面进制间的转换，再用 Windows 系统自带的计算器进行验证。

134＝（　　　　）B＝（　　　　）H　　　1ADH＝（　　　　）D

11010101B＝（　　　）D＝（　　　）H　　　1ADH＝（　　　　）B

（4）下列程序段共执行循环（　　）次，循环结束后变量 s 的值为（　　）。

```
unsigned char  i,s=0;
for(i=1;i<20;i++)
{
    s=s+i;
    if(s>20)
    break;
}
```

（5）下列程序段共执行循环（　　）次，循环结束后变量 s 的值为（　　）。

```
unsigned char  i=0, s=0;
do
{
    i=i+2;
    s=s+i;
} while (i<20);
```

	1	2	3	4	5	6	7	8	9	10
i	2	4	6	8	10				18	20
s	2	6	12	20	30					

（6）下列程序段执行后变量 dj 的值为（　　）。

```
char fs=92,dj;
if(fs>=90 )dj='A';
if(fs>=75)dj='B';
if(fs>=60)dj='C';
else dj='D';
```

二、选择题

（1）以下描述正确的是（　　）。

A. 可以在循环体内和 switch 语句中使用 break 语句

B. Continue 语句的作用是结束整个循环的执行

C. 在循环体内使用 continue 与 break 语句的作用相同

D. break 语句的作用是结束主程序的执行

（2）在 C51 语言中，当 do-while 语句中的条件为（　　）时，结束循环。

A. 0　　　　　　B. false　　　　　　C. true　　　　　　D. 非 0

（3）下列 3 个数中最大的是（　　），最小的是（　　）。

A. 10110101B　　B. B6H　　　　　　C. 180　　　　　　D. 100

❀【实战提高】

1. 以任务 3 设计电路"proj3. DSN"为依据，完成下列任务：画出程序流程图、编写程序、编译和仿真运行。

① 设计流水灯：程序刚运行时灯全灭，然后 LED1 亮、LED1LED2 亮、LED1LED2LED3 亮、……、8 只灯全亮，最后全灭，再从头开始并不断循环。

② 让 8 只 LED 灯自上而下亮一轮，然后自下而上亮一轮，然后全灭、再全亮，再从头开始并不断重复。

③ 自行设计不同的流动方式，任务自编，每组不少于 2 种方案，再根据自拟的任务进行编程、编译和仿真运行。

2. 以任务 3 设计电路"proj3. DSN"为依据，完成下列任务：画出程序流程图、编写程序、编译和仿真运行。

要求：① 实现流水灯渐变，让 8 只 LED 灯自上而下渐变亮起；

② 实现流水灯闪烁，让 8 只 LED 灯自下而上依次闪烁。

3. 彩灯用来装饰街道和城市建筑已经成为一种时尚，设计一款简易的心形流水灯（电路参考图如图 1-60 所示），利用 20 个 LED 彩灯，完成以下任务：画出程序流程图、编写程序、编译和仿真运行。

要求：① 程序刚运行时心形灯全亮，然后闪烁几秒，全灭。

② 全灭等待状态，心形灯按一定规律显示，规律自定义，创意越好分值越高。

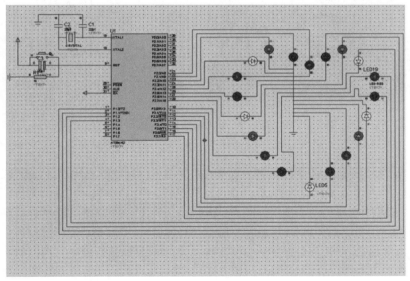

图 1-60　心形流水灯

交通灯控制

📂 【项目情境描述】

眼看十字路口的车流量越来越多，该如何来保证车辆有序地通过十字路口呢？那就给它装上交通灯吧！

交通灯可以辅助其他交通设施，如限速路标和绿化带等，增加交通安全性，如图 2-1 所示。例如，当绿灯亮起时，车辆和行人可以安全地通过；当红灯亮起时，道路流量减少，交通事故的风险也降低了。

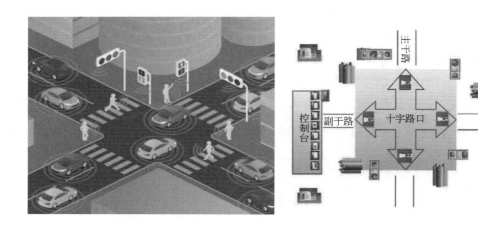

图 2-1　十字路口交通灯

此外，交通灯控制还可以对交通流量大的交叉口进行有效控制和管理，减少交通冲突、增强交通安全，提高交叉口通行能力。同时，路权分配更加公平、合理、高效，使得全部交通参与者能够井井有条地行驶，避免了交通拥堵带来的时间浪费以及交通事故带来的生命财产的损失。

交通灯控制是单片机应用的一个典型案例，通过学习交通灯控制，可以更好地掌握单片机的应用和编程技巧，为以后的学习和工作打下基础。

任务 1　简易交通灯控制

📖【任务导入】

在夜间，十字路口的南北、东西向均以黄灯闪烁提醒来往车辆小心通过；在白天，主干道南北向和支道东西向的车辆则以一定的时间间隔分时通过，描述如表 2-1 所示。

表 2-1　车辆通行规则

状态		主道（南北方向）			支道（东西方向）			说明
		红灯	黄灯	绿灯	红灯	黄灯	绿灯	
白天	状态 1	灭	灭	亮	亮	灭	灭	主道通行，支道禁行，约 30s
	状态 2	灭	亮	灭	亮	灭	灭	主道警告，支道禁行，约 4s
	状态 3	亮	灭	灭	灭	灭	亮	主道禁行，支道通行，约 15s
	状态 4	亮	灭	灭	灭	亮	灭	主道禁行，支道警告，约 4s
晚	状态 5	灭	闪	灭	灭	闪	灭	开关 S1 闭合时为夜间状态

➡️【任务目标】

知识目标

（1）掌握 C51 函数的编写及调用。

（2）能理解 C51 变量的作用范围。

技能目标

（1）会设计交通灯控制电路。

（2）会编写简易交通灯控制程序。

（3）会使用软件排除语句错误。

素养目标

（1）文明、规范操作，培养学生分析问题和解决问题的能力。

（2）培养学生创新能力和实践能力。

✈️【任务组织形式】

采取以小组为单位的形式互助学习，有条件的每人一台电脑，条件有限的可以两人合用一台电脑。用仿真实现所需的功能后，如果有实物板（或自制硬件电路），可把程序下载到实物板上，再运行、调试，学习过程中鼓励小组成员积极参与讨论。

💼【任务实施】

一、创建硬件电路

对于普通路段的交通灯控制，南北方向的信号灯显示状态是一样的，所以南与北方向上的 6 个指示灯只需用 3 根端口控制线，同样地，东西方向上的 6 个指示灯也只需用 3 根端口控制线。

电路设计如图 2-2 所示。

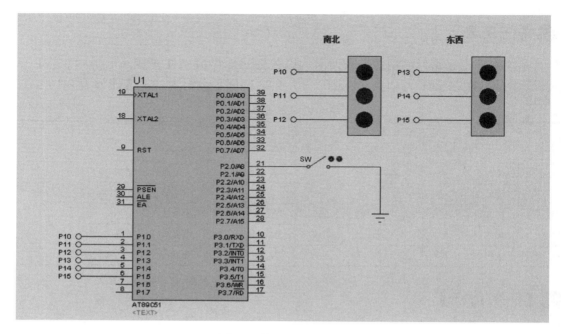

图 2-2　简易交通灯控制

说明：图中开关"SW"打开代表白天状态，闭合代表夜间状态。

实现此功能的系统元器件清单如表 2-2 所示。

表 2-2　简易交通灯控制系统元器件清单

元器件名称	参数	数量	元器件名称	参数	数量
电解电容	$22\mu F$	1	IC 插座	DIP40	1
瓷片电容	30pF	2	单片机	89C51	1
晶体振荡器	12MHz	1	电阻	200Ω	6
弹性按键		1	发光二极管		6
电阻	$1k\Omega$	1	开关		1

注：表中灰色底纹部分为系统时钟与复位电路所需的元器件，在图 2-2 中未画出，参见图 1-2。

二、程序编写

1. 程序流程

简易交通灯控制流程如图 2-3 所示。

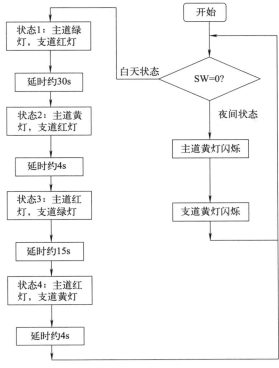

图 2-3　简易交通灯控制流程

2. 编写程序

简易交通灯控制程序如表 2-3 所示。

表 2-3　简易交通灯控制程序

行号	程序
01	/ * proj4. c * /
02	#include <REG51. H>
03	#include <INTRINS. H>
04	#define uchar unsigned char
05	#define uint unsigned int
06	sbit sw=P2^0;　　//开关
07	void daytime();//白天模式函数说明
08	void eveing();//夜间模式函数说明
09	void ys(uint k)　//延时约为(0.1×k)s
10	{
11	unsigned int i;
12	while(k——)
13	for(i=0;i<8500;i++);//延时约 0.1s
14	}
15	main()　　　//主函数
16	{
17	while(1)
18	{
19	if(sw)　　daytime();//开关断开为白天模式

65

行号	程序
20	else eveing()； //开关闭合为夜间模式
21	}
22	}
23	void daytime() //定义白天模式函数
24	{
25	//状态 1：主道通行，支道禁行，维持约 30s
26	P1＝0x0c；
27	ys(300)；
28	//状态 2：主道警告，支道禁行，维持约 4s
29	P1＝0x0a；
30	ys(40)；
31	//状态 3：主道禁行，支道通行，维持约 15s
32	P1＝0x21；
33	ys(150)；
34	//状态 4：主道禁行，支道警告，维持约 4s
35	P1＝0x11；
36	ys(40)；
37	}
38	void eveing() //定义夜间模式函数
39	{
40	//南北、东西向黄灯以 2s 为间隔亮一次、灭一次
41	P1＝0x12；
42	ys(20)；
43	P1＝0x00；
44	ys(20)；
45	}

3. 程序说明

① 06 行：定义一个控制开关。

② 07、08 行：为函数说明。注意函数说明最后要加";"。

③ 09~14 行：为带参数的延时函数，因延时时间范围比较大，函数体由两重循环实现。

④ 15~22 为主函数，由于白天模式与夜间模式的工作过程分别定义成了函数，所以主函数就非常简单——开关打开则调用白天模式函数，开关闭合则调用夜间模式函数。

⑤ 23~37 行：白天模式的函数定义，其函数体按白天模式的四种状态依次执行。

⑥ 38~45 行：夜间模式的函数定义，其函数体按夜间模式的两种状态依次执行。

【温馨提示】

本任务对延时时间并不作精确的要求，不过通过改变相关的参数可以调整延时的时间到一个预定值，而延时时间的精确设置只能通过后续介绍的定时器实现。

三、创建程序文件并生成 .HEX 文件

打开 MedWin，新建任务文件，创建程序文件，输入上述程序，然后按工具栏上的

"产生代码并装入"按钮（或按 CTRL＋F8），如果编译发现错误需对程序进行修改，直到编译成功，此时将在对应任务文件夹的 Output 子目录中生成目标文件。

在 MedWin 环境下仿真运行程序，可以查看各语句的执行时间、变量执行过程的中间值等。下面就以如何让延时函数中第 13 行循环语句的延时时间调整到 0.1s 左右为例进行说明。

① 首先要为能仿真运行及显示执行时间进行设置（设置一次后系统将会保留这些设置），步骤如下：

a. 在 MedWin 的工具栏的空白处右击鼠标，在弹出的快捷菜单中选中"时间"，如图 2-4 所示。一旦设置好后，之后程序的执行过程将会在工具栏上显示相应的执行时间。

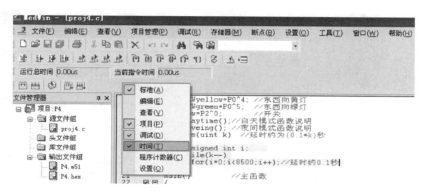

图 2-4　选择显示"时间"

b. 设置设备驱动管理器：打开"设置"菜单，选择"设备驱动管理器"，如图 2-5 所示，之后将出现如图 2-6 所示的设备驱动管理器选择界面。

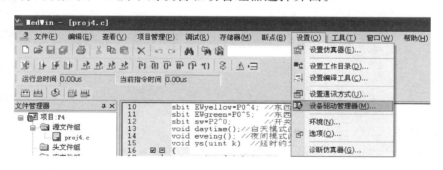

图 2-5　打开设备驱动管理器

c. 在图 2-6 中选择"80C51 Simulator Driver"，然后单击确定。

② 在程序编译成功后，即可进行调试运行。打开"调试"菜单，如图 2-7 所示。

为了跟踪程序的运行，在此宜选择"单步"或"跟踪"功能项，请记住它们的快捷键分别是"F8"和"F7"。

按功能键 F8 一次，程序从主函数 main（）开始执行一条语句并停在下一条待执行的语句上，如图 2-8 中箭头所示。

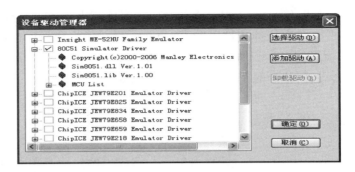

图 2-6　选择设备驱动方式

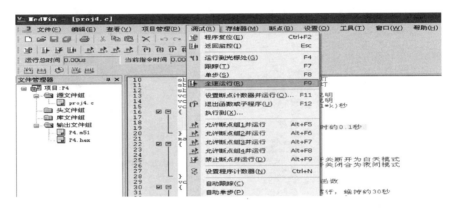

图 2-7　调试菜单

图 2-8　单步执行

【温馨提示】

单步执行与跟踪执行对一般的语句来讲其作用是相同的。但对函数则完全不同，单步执行把函数视为一个完整体执行一次，将执行一个完整的函数，而跟踪执行将进入函数体内执行。

接着按功能键 F7 一次，此时将跟踪进入 daytime（）函数体内（因为复位后默认各端口的信号为高电平"1"），接着按 F8 单步执行，每执行一次都可以在工具栏上看到对应语句执行的时间。当执行完第 27 行函数 ys（300）语句的调用后，即可从"当前指令时间"框中看到本函数语句执行的时间约为 30.6s，如图 2-9 所示。说明执行 ys（1）的话时间约为 0.1s。反过来可以根据执行的时间来调整第 13 行语句"for(i＝0;i＜8500;i＋＋);"中循环的终值，以达到预期的目的。

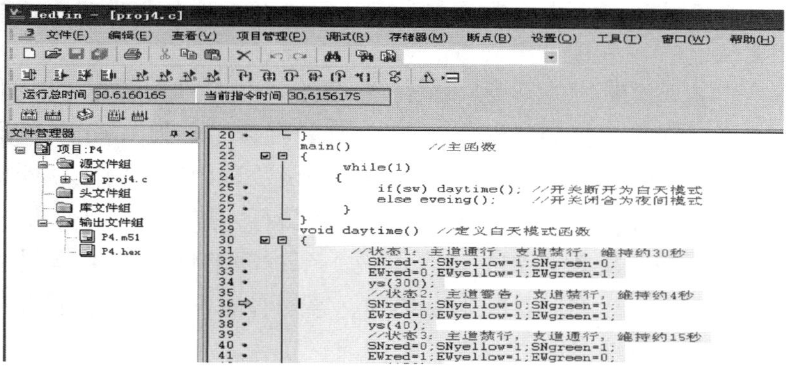

图 2-9　查看指令执行时间

调用延时函数 ys（t），实际上就是执行 t 次"for(i=0;i<8500;i++);"循环，所以把执行 ys(t) 所用的时间除以 t 即为"for(i=0;i<8500;i++);"循环语句一次所需的时间。

四、运行程序观察结果

在 Proteus 中打开项目 2 任务 1 设计电路，把已编译所生成的文件下载到单片机中，再运行并观察结果。

如果有实物板可把程序下载到实物板上再运行、调试。也可以根据图 2-2 与表 2-1 提供的原理图与器件清单在万能板上搭出电路后再把已编译所生成的 .hex 文件下载到单片机中，然后再调试运行。

【试一试，想一想】

按下开关或把开关断开时为什么灯的状态没跟着马上变化呢？

【知识链接】

一、C51 函数

前已述及，C 源程序是由函数组成的，函数是 C 源程序的基本模块，通过对函数的调用实现特定的功能。可以说 C 程序的全部工作都是由各式各样的函数完成的，所以也把 C 语言称为函数式语言。由于采用了函数模块式的结构，C 语言易于实现结构化程序设计，使程序的层次结构清晰，便于程序的编写、阅读、调试。

C51 中的函数相当于其他高级语言的子程序。C51 不仅提供了一些现成的库函数（如头文件 MATH. H、STRING. H、STDIO. H 中对应的函数），还允许用户自己定义建立函数，然后就可以用调用库函数的方法来使用这些自定义函数。

【温馨提示】

从函数定义的角度看，函数可分为库函数和用户定义函数两种。①库函数：由 C 系统提供，用户无须定义，也不必在程序中作类型说明，只需在程序前包含有该函数原型的头文件即可在程序中直接调用；②用户定义函数：由用户按需要写的函数。对于用

69

户自定义函数，不仅要在程序中定义函数本身，而且在主调函数模块中往往还必须对该被调函数进行类型说明，然后才能使用。

每个 C 程序的执行都是从主函数 main （）开始，main （）函数可以调用其他函数，这些函数执行完毕后程序的控制又返回到 main （）函数中，但 main （）函数不能被别的函数所调用。这些被调用的函数称为下层函数。函数调用发生时，立即执行被调用的函数，而调用者则进入等待状态，直到被调用函数执行完毕。

对 C51 而言，函数是极为重要的，可以说一个程序的优劣集中体现在函数上。如果函数使用得恰当，可以让程序看起来有条理、容易看懂，相反程序就会显得很乱，不仅让别人难以看明白，就连自己也容易晕头转向。

1. C51 函数的定义与调用

（1）函数的定义

一个函数包括函数头和语句体两部分。

函数头由下列三部分组成：函数返回值类型、函数名和参数表。

一个完整的函数应该是这样的：

函数返回值类型 函数名 （参数表）
{
　　语句体；
}

函数返回值类型可以是前面说到的某个数据类型。

函数名在程序中必须是唯一的，它也遵循标识符命名规则。

参数表可以没有也可以有多个，在函数调用的时候，实际参数将被传递到这些变量中。语句体包括局部变量的声明和可执行代码。

【温馨提示】

从函数是否有返回值来看，可把函数分为有返回值函数和无返回值函数两种。①有返回值函数：此类函数被调用执行完后将向调用者返回一个执行结果，称为函数返回值。如数学函数即属于此类函数。由用户定义的这种要返回函数值的函数，必须在函数定义和函数说明中明确返回值的类型。②无返回值函数：此类函数用于完成某项特定的处理任务，执行完成后不向调用者返回函数值。这类函数类似于其他语言的过程。由于函数无须返回值，用户在定义此类函数时可指定它的返回类型为"空类型"，空类型的说明符为"void"。

从主调函数和被调函数之间数据传送的角度来看，函数又可分为无参函数和有参函数两种。①无参函数：函数定义、函数说明及函数调用中均不带参数。主调函数和被调函数之间不进行参数传送。此类函数通常用来完成一组指定的功能，可以返回或不返回函数值。②有参函数：也称为带参函数。在函数定义及函数说明时都有参数，称为形式参数（简称为形参）。在函数调用时也必须给出参数，称为实际参数（简称为实参）。进行函数调用时，主调函数将把实参的值传送给形参，供被调函数使用。形参必须是变量，而实参可以是表达式，但对应的数据类型必须一致。

例如，定义一个函数，用于求两个数中的大数，可写为：

```
int max(int a,int b)
{
    int temp1;
    if(a>b)temp1=a;
    else temp1=b;
    return temp1;
}
```

第一行说明 max 函数是一个整型函数，其返回的函数值是一个整数。形参 a、b 均为整型量，在 { } 中的函数体内，首先对 temp1 作变量类型说明，在 max 函数体中的 return 语句是把 a（或 b）的大数作为函数的值返回给主调函数。有返回值函数中至少应有一个 return 语句。在 C 程序中，一个函数的定义可以放在任意位置，既可放在主函数 main 之前，也可放在 main 之后。

（2）函数的声明和调用

为了调用一个函数，必须事先声明该函数的返回值类型和参数类型，这和使用变量的道理是一样的，如本任务中源程序的第 13 和 14 行——"void daytime ()；"与"void eveing ()；"。

【温馨提示】

如果函数的定义在调用之前，则可以不作函数声明。（如之前各任务中的延时函数。）

C51 中函数调用的一般形式为：

函数名（实际参数表）

对无参函数调用时则无实际参数表。实际参数表中的参数可以是常数、变量或表达式。各实参之间用逗号分隔。在 C 语言中，可以用以下几种方式调用函数。

① 函数表达式。函数作表达式中的一项出现在表达式中，以函数返回值参与表达式的运算。这种方式要求函数是有返回值的。例如：z=max（x，y）是一个赋值表达式，把 max 的返回值赋予变量 z。

② 函数语句。函数调用的一般形式加上分号即构成函数语句。（如之前各任务中延时函数的调用就是以函数语句的方式调用的。）

③ 函数实参。函数作为另一个函数调用的实际参数出现。这种情况是把该函数的返回值作为实参进行传送，因此要求该函数必须是有返回值的。例如：t=max（x，max（y，z））；即是把 max 调用的返回值又作为 max 函数的实参来使用的。

例 2-1：创建一个源程序，能够通过函数调用求两个数中的大数。

函数调用求大数程序如表 2-4 所示。

表 2-4　函数调用求大数程序

行号	程序
01	/ * test4. c * /
02	int max(int a,int b);
03	void main()

续表

行号	程序
04	{
05	int x=10,y=20,z;
06	z=max(x,y);
07	while(1);
08	}
09	int max(int a,int b)
10	{
11	int temp1;
12	if(a>b)temp1=a;
13	else temp1=b;
14	return temp1;
15	}

现从函数定义、函数说明及函数调用的角度来分析整个程序，从中进一步了解函数的各种特点。程序的第 01 行为注释，第 02 行先对 max 函数进行说明（因为在主函数中要调用 max 函数，而 max 函数的定义在后，所以必须先声明）。程序第 06 行为调用 max 函数，并把 x、y 的值顺序传送给 max 的形参 a、b。max 函数执行的结果（a 与 b 的大数）将返回给变量 z。第 09 行到 15 行为 max 函数定义。

【温馨提示】

函数说明与函数定义中的函数头部分相同，但是函数说明末尾要加分号。

【试一试，想一想】

请大家打开 MedWin，新建一个任务并创建上述的"test4. c"程序，然后编译。编译成功后试着在 MedWin 环境下进行仿真调试，通过单步或跟踪运行查看程序执行过程中的各变量取值变化情况，以学习程序调试的基本手段和方法。

首先，从 MedWin 的主窗口中打开"查看"菜单，选择"观察窗口"下的"观察窗口 1"，并在图 2-10 所示右下角选中"观察窗口 1"，并通过单击"单击输入表达式"输

图 2-10　观察变量值

入图 2-10 所示的各变量（变量以几进制显示可以从右边的格式下拉框中选择），然后通过单步或跟踪执行即可看到对应变量或表达式值的变化。

2. C51 函数的参数和函数的值

（1）函数的参数

前面已经介绍过，函数的参数分为形参和实参两种。那形参、实参两者之间有何关系呢？形参出现在函数定义中，在整个函数体内都可以使用，离开该函数则不能使用。实参出现在主调函数中，进入被调函数后，实参变量也不能使用。形参和实参的功能是作数据传送。发生函数调用时，主调函数把实参的值传送给被调函数的形参从而实现主调函数向被调函数的数据传送。

函数的形参和实参具有以下特点：

① 形参变量只有在被调用时才分配内存单元，在调用结束时，即刻释放所分配的内存单元。因此形参只有在函数内部有效。函数调用结束返回主调函数后则不能再使用该形参变量。

② 实参可以是常量、变量、表达式、函数等，无论实参是何种类型的量，在进行函数调用时，它们都必须具有确定的值，以便把这些值传送给形参。因此应预先用赋值、输入等办法使实参获得确定值。

③ 实参和形参在数量上、类型上、顺序上应严格一致，否则会发生"类型不匹配"的错误。

④ 函数调用中发生的数据传送是单向的。即只能把实参的值传送给形参，而不能把形参的值反向地传送给实参。因此在函数调用过程中，形参的值发生改变，而实参中的值不会变化。

（2）函数的值

函数的值是指函数被调用之后，执行函数体中的程序段所取得的并返回给主调函数的值。如调用 max 函数取得大数值。对函数返回值的说明如下。

① 函数的值只能通过 return 语句返回主调函数。return 语句的一般形式为：

return 表达式；

或者为：

return （表达式）；

该语句的功能是计算表达式的值，并返回给主调函数。在函数中允许有多个 return 语句，但每次调用只能有一个 return 语句被执行，因此只能返回一个函数值。

② 函数值的类型和函数定义中函数的类型应保持一致。如果两者不一致，则以函数类型为准，自动进行类型转换。

③ 如函数值为整型，在函数定义时可以省去类型说明。

④ 不返回函数值的函数，可以明确定义为"空类型"，类型说明符为"void"。

一旦函数被定义为空类型后，就不能在主调函数中使用被调函数的函数值了。为了使程序有良好的可读性并减少出错，凡不要求返回值的函数都应定义为空类型。在主调函数中调用某函数之前应对该被调函数进行说明，这与使用变量之前要先进行变量说明是一样的。在主调函数中对被调函数作说明的目的是使编译系统知道被调函数返回值的类型，以便在主调函数中按此种类型对返回值做相应的处理。

函数说明一般形式为：

类型说明符 被调函数名（类型 形参，类型 形参）；

【温馨提示】

C 语言中不允许作嵌套的函数定义。但是允许在一个函数的定义中出现对另一个函数的调用。这样就出现了函数的嵌套调用。即在被调函数中又调用其他函数。这与其他语言的子程序嵌套的情形是类似的。

二、变量的作用域

形参变量只在被调用期间才分配内存单元，调用结束后立即释放。这一点表明形参变量只有在函数内才是有效的，离开该函数就不能再使用了。这种变量有效性的范围称变量的作用域。不仅是形参变量，C 语言中所有的量都有自己的作用域。变量说明的方式不同，其作用域也不同。C 语言中的变量，按作用域范围可分为两种，即局部变量和全局变量。

1. 局部变量和全局变量

（1）局部变量

局部变量也称为内部变量。局部变量是在函数内作定义说明的。其作用域仅限于函数内，离开该函数后再使用这种变量是非法的。下面是有关局部变量作用域的几点说明。

① 主函数中定义的变量只能在主函数中使用，不能在其他函数中使用。同时，主函数中也不能使用其他函数中定义的变量。因为主函数也是一个函数，它与其他函数是平行关系。这一点是与其他语言不同的，应予以注意。

② 形参变量属于被调函数的局部变量，实参变量属于主调函数的局部变量。

③ 允许在不同的函数中使用相同的变量名，它们代表不同的对象，分配不同的单元，互不干扰，也不会发生混淆。

④ 在复合语句中也可定义变量，其作用域只在复合语句范围内。

（2）全局变量

全局变量也称为外部变量，它是在函数外部定义的变量。它不属于哪一个函数，它属于一个源程序文件。其作用域是整个源程序。在函数中使用全局变量时，一般应作全局变量说明。只有在函数内经过说明的全局变量才能使用。全局变量的说明符为 extern。但在一个函数之前定义的全局变量，在该函数内使用时可不再加以说明。下面是有关全局变量的几点说明。

① 外部变量定义必须在所有的函数之外，且只能定义一次。其一般形式为：

［extern］类型说明符 变量名，变量名（其中方括号内的 extern 可以省去不写）

例如：int a，b；   等效于：extern int a，b；

外部变量定义可作初始赋值，在定义时就已分配了内存单元。

② 外部变量可加强函数模块之间的数据联系，但是又使函数要依赖这些变量，因而使得函数的独立性降低。从模块化程序设计的观点来看这是不利的，因此在不必要时

尽量不要使用全局变量。

③ 在同一源文件中，允许全局变量和局部变量同名。此时在局部变量的作用域内，全局变量不起作用。

【试一试，想一想】

对例 2-1 中的程序请同学们再次用单步方式执行并注意观察变量 x、y、z、a、b、temp1 等在 main（）函数和 max（）函数中的变化情况。然后把主函数中 05 行语句"int x＝10，y＝20，z；"移到主函数之前，再编译、单步运行程序，注意观察移动前后各变量在不同函数体内的不同。

局部变量和全局变量在编程中是非常重要的概念。它们的主要区别在于作用域和生命周期。

作用域：局部变量的作用域仅限于其被声明的函数或子程序。当函数或子程序执行结束后，局部变量就会被销毁。全局变量则在整个程序中都可见，从定义之处到最后执行结束，全局变量一直存在。

生命周期：局部变量的生命周期与它所在的函数或子程序的执行期相同。当函数或子程序被调用时，局部变量被创建，当函数或子程序执行结束后，局部变量被销毁。全局变量的生命周期与整个程序的执行期相同，从定义之处到最后执行结束。

【小课堂】

首先，通过了解局部变量和全局变量的定义和区别，可以引导学生认识到单片机在嵌入式系统中的重要性和作用。局部变量代表了单片机的局部状态和行为，而全局变量则代表了整个嵌入式系统的状态和行为。这可以帮助学生深入理解单片机的应用范围和重要性，激发他们的科技报国情怀和历史担当。

其次，在讲解局部变量和全局变量的使用时，可以融入严谨求实的科学态度和团结协作精神的培养。局部变量和全局变量的使用需要遵循一定的规范和原则，例如局部变量的作用域和生命周期限制，全局变量的可见性和生命周期管理等。通过这些规范和原则的讲解和实践，可以引导学生养成严谨求实的科学态度，理解团结协作的重要性，培养他们的团队合作精神。

最后，通过案例分析和实践操作，可以进一步引导学生深入理解局部变量和全局变量的应用。例如，在单片机交通灯控制系统中，可以通过局部变量来控制交通灯的亮灭状态和时间间隔，通过全局变量来管理交通灯的控制逻辑和状态。通过这样的案例分析和实践操作，可以帮助学生提高解决实际问题的能力，培养他们的创新精神和探索精神。

2. 变量的存储类型

各种变量的作用域不同，就其本质来说是变量的存储类型不同。所谓存储类型是指变量占用内存空间的方式，也称为存储方式。

变量的存储方式可分为"静态存储"和"动态存储"两种。

静态存储变量通常是在变量定义时就分配存储单元并一直保持不变，直至整个程序结束。而动态存储变量是在程序执行过程中，使用它时才分配存储单元，使用完毕后立即释放。典型的例子是函数的形式参数，在函数定义时并不给形参分配存储单元，只是在函数被调用时，才予以分配，调用函数完毕立即释放。如果一个函数被多次调用，则反复地分配、释放形参变量的存储单元。也即静态存储变量是一直存在的，而动态存储变量则时而存在时而消失。这种由于变量存储方式不同而产生的特性称为变量的生存期。生存期表示了变量存在的时间。生存期和作用域是从时间和空间这两个不同的角度来描述变量的特性的，这两者既有联系，又有区别。一个变量究竟属于哪一种存储方式，并不能仅从其作用域来判断，还应有明确的存储类型说明。

在 C51 中，对变量的存储类型说明有以下四种：

auto   自动变量

register   寄存器变量

extern   外部变量

static   静态变量

自动变量和寄存器变量属于动态存储方式，外部变量和静态变量属于静态存储方式。在介绍了变量的存储类型之后，可以知道对一个变量的说明不仅应说明其数据类型，还应说明其存储类型。因此变量说明的完整形式应为：

存储类型说明符 数据类型说明符 变量名，变量名…；

下面就对上述四种存储类型做一简要介绍。

（1）自动变量

自动变量的类型说明符为 auto，这种存储类型是 C 语言程序中使用最广泛的一种类型。C 语言规定，函数内凡未加存储类型说明的变量均视为自动变量，也就是说，自动变量可省去说明符 auto。在前面各程序中所定义的变量凡未加存储类型说明符的都是自动变量。

自动变量具有以下特点：

① 自动变量的作用域仅限于定义该变量的个体内。在函数中定义的自动变量，只在该函数内有效。在复合语句中定义的自动变量只在该复合语句中有效。

② 自动变量属于动态存储方式，只有在使用它，即定义该变量的函数被调用时才给它分配存储单元，开始它的生存期。函数调用结束，释放存储单元，结束生存期。因此函数调用结束之后，自动变量的值不能保留。在复合语句中定义的自动变量，在退出复合语句后也不能再使用，否则将引起错误。

③ 由于自动变量的作用域和生存期都局限于定义它的个体内（函数或复合语句内），因此不同的个体中允许使用同名的变量而不会混淆。

（2）外部变量

外部变量的类型说明符为 extern，外部变量的两个特点如下。

① 外部变量和全局变量是对同一类变量的两种不同角度的提法。全局变量是从它的作用域提出的，外部变量是从它的存储方式提出的，表示了它的生存期。

② 当一个源程序由若干个源文件组成时，在一个源文件中定义的外部变量在其他的源文件中也有效。

（3）静态变量

静态变量的类型说明符是 static。静态变量当然是属于静态存储方式，但是属于静态存储方式的量不一定就是静态变量。例如外部变量虽属于静态存储方式，但不一定是静态变量，必须由 static 加以定义后才能成为静态外部变量，或称静态全局变量。对于自动变量，前面已经介绍它属于动态存储方式。但是也可以用 static 定义它为静态自动变量，或称静态局部变量，从而成为静态存储方式。

也即一个变量可由 static 进行再说明，并改变其原有的存储方式。

① 静态局部变量。在局部变量的说明前再加上 static 说明符就构成静态局部变量。静态局部变量属于静态存储方式，它具有以下特点。

a. 静态局部变量在函数内定义，但不像自动变量那样，当调用时就存在，退出函数时就消失。静态局部变量始终存在着，也就是说，它的生存期为整个源程序。

b. 静态局部变量的生存期虽然为整个源程序，但是其作用域仍与自动变量相同，即只能在定义该变量的函数内使用该变量。退出该函数后，尽管该变量还继续存在，但不能使用它。

c. 对基本类型的静态局部变量若在说明时未赋以初值，则系统自动赋予 0 值。而对自动变量不赋初值，则其值是不定的。根据静态局部变量的特点，可以看出它是一种生存期为整个源程序的量。虽然离开定义它的函数后不能再使用，但如再次调用定义它的函数时，它又可继续使用，而且保存了前次被调用后留下的值。因此，当多次调用一个函数且要求在调用之间保留某些变量的值时，可考虑采用静态局部变量。虽然用全局变量也可以达到上述目的，但全局变量有时会造成意外的副作用，因此仍以采用局部静态变量为宜。

② 静态全局变量。全局变量（外部变量）的说明之前再冠以 static 就构成了静态的全局变量。全局变量本身就是静态存储方式，静态全局变量当然也是静态存储方式，两者在存储方式上并无不同，两者的区别在于非静态全局变量的作用域是整个源程序，当一个源程序由多个源文件组成时，非静态的全局变量在各个源文件中都是有效的。而静态全局变量则限制了其作用域，即只在定义该变量的源文件内有效，在同一源程序的其他源文件中不能使用它。由于静态全局变量的作用域局限于一个源文件内，只能为该源文件内的函数公用，因此可以避免在其他源文件中引起错误。从以上分析可以看出，把局部变量改变为静态变量后是改变了它的存储方式即改变了它的生存期。把全局变量改变为静态变量后改变了它的作用域，限制了它的使用范围。因此 static 这个说明符在不同的地方所起的作用是不同的。应予以注意。

（4）寄存器变量

上述各类变量都存放在存储器内，因此当对一个变量频繁读写时，必须反复访问存储器，从而花费大量的存取时间。为此，C 语言提供了另一种变量，即寄存器变量。这种变量存放在 CPU 的寄存器中，使用时，不需要访问内存，而直接从寄存器中读写，这样可提高效率。寄存器变量的说明符是 register。对于循环次数较多的循环控制变量及循环体内反复使用的变量均可定义为寄存器变量。

对寄存器变量还要说明以下几点：

① 只有局部自动变量和形式参数才可以定义为寄存器变量。因为寄存器变量属于动态存储方式。凡需要采用静态存储方式的量不能定义为寄存器变量。

② 由于 CPU 中寄存器的个数是有限的，因此使用寄存器变量的个数也是有限的。

【任务考核与评价】

评价任务	评价内容	分值	自我评价	小组评价	教师评价	得分
技能目标	①会设计交通灯控制电路	10				
	②会编写交通灯控制程序	30				
知识目标	①能掌握 C51 函数的编写及调用	20				
	②能领会 C51 变量的作用范围	10				
情感态度	①出勤情况	5				
	②纪律表现	5				
	③实操情况	10				
	④团队意识	10				
总分		100				

【巩固复习】

一、填空题

（1）C 语言是由（   ）组成的，所以也把 C 语言称为（   ）语言。

（2）在 C51 中如果要引用数学函数，则必须在程序开头加上宏命令（   ）。

（3）在 C51 的函数定义中，函数值是通过语句（   ）返回的。

（4）在 C51 中按变量的作用域范围可把变量分为（   ）和（   ）。

（5）在 C51 中按变量的存储方式可把变量分为（   ）和（   ）。

二、选择题

（1）对于 C51 函数，以下描述不正确的是（   ）。

A. 实参可以是常量、变量或表达式

B. 形参可以是常量、变量或表达式

C. 实参与形参的个数必须一致

D. 实参与形参对应位置的类型必须一致

（2）在 C51 的主函数 main（）中定义的自动变量（   ）。

A. 只能在主函数中使用

B. 可供本程序其他函数使用

C. 可以被主函数和主函数调用的函数使用

D. 以上都可以

（3）C51 中除主函数外的函数（   ）。

A. 必须有返回值

B. 最多只能有一个返回值

C. 可以有多个返回值

【实战提高】

以图 2-11 所示的设计电路为依据（可直接在项目 2 任务 1 所在目录下打开设计电路文件"proj4_2. DSN"），要求能模拟实现汽车转向灯的控制。请按表 2-5 所描述的功能完成下列任务：画出程序流程图、编写程序、编译和仿真运行。

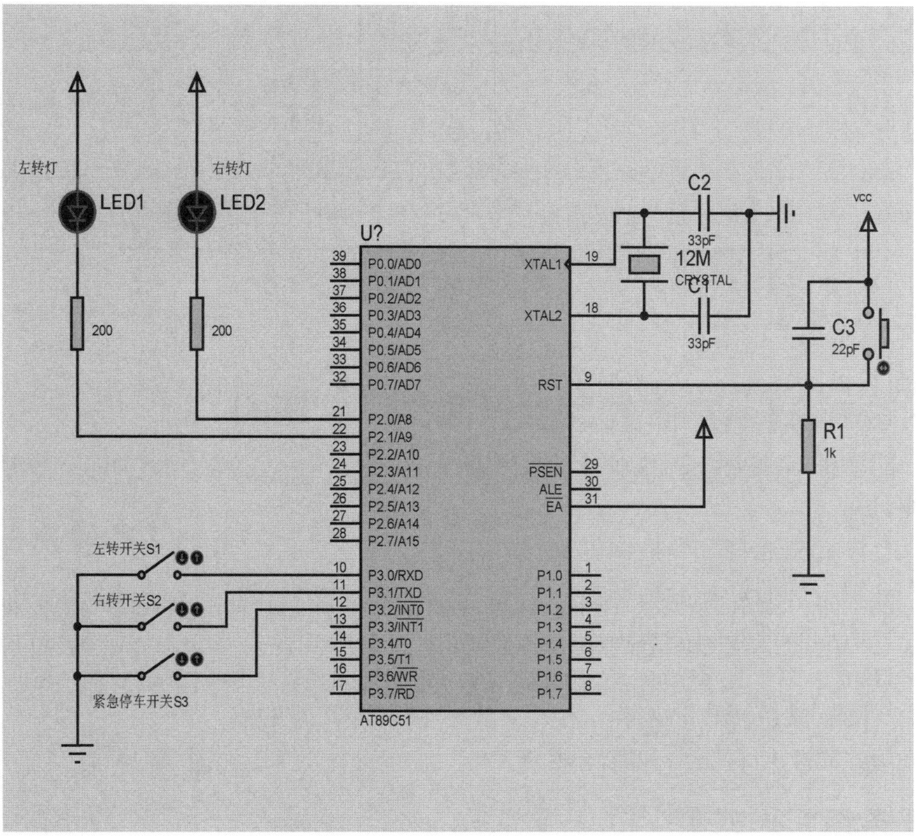

图 2-11　汽车转向灯模拟控制电路

表 2-5　汽车转向灯显示状态

转向灯显示状态		驾驶员发出的命令
左转灯	右转灯	
灭	灭	驾驶员未发出的命令
灭	闪烁	驾驶员发出右转命令
闪烁	灭	驾驶员发出左转命令
闪烁	闪烁	驾驶员发出急停命令

任务 2　交通灯综合控制

【任务导入】

以任务 1 为基础，增加 1 个 2 位数码管显示倒计时（数码管知识可通过预习项目 3 了解）；增加通过按键设置通行时间，即正常情况下，遇到上下班高峰期需要更改通行时间的，进入设定通行时间状态，描述如表 2-6 所示

表 2-6　时间可调的交通灯控制

状态	主道（南北方向）			支道（东西方向）			说明
	红灯	黄灯	绿灯	红灯	黄灯	绿灯	
状态 1	灭	灭	亮	亮	灭	灭	主道通行，支道禁行
状态 2	灭	亮	灭	亮	灭	灭	主道警告，支道禁行
状态 3	亮	灭	灭	灭	灭	亮	主道禁行，支道通行
状态 4	灭	亮	灭	灭	亮	灭	主道禁行，支道警告
状态 5	灭	灭	灭	灭	灭	灭	开关 SW1 闭合时为设定时间状态，设定灯亮起

➡【任务目标】

知识目标

（1）掌握中断的概念和中断系统。

（2）能掌握 51 单片机中断的使用。

技能目标

（1）会设计交通灯综合控制电路。

（2）会编写交通灯综合控制程序。

（3）会使用软件排除语句错误。

素养目标

（1）文明、规范操作，培养学生分析问题和解决问题的能力。

（2）培养学生创新能力和实践能力。

✈【任务组织形式】

采取以小组为单位的形式互助学习，有条件的每人一台电脑，条件有限的可以两人合用一台电脑。用仿真实现所需的功能后，如果有实物板（或自制硬件电路），可把程序下载到实物板上再运行、调试，学习过程中鼓励小组成员积极参与讨论。

💼【任务实施】

一、创建硬件电路

交通灯综合控制电路设计如图 2-12 所示。

说明：图中开关"SW1"按键按下，代表进入设定通行时间状态，指示灯会亮起；

图中开关"SW2"按键每按一次，通行时间增加 1s；

图中开关"SW3"按键每按一次，通行时间减少 1s。

实现此功能的系统元器件清单如表 2-7 所示

表 2-7　简易交通灯控制系统元器件清单

元器件名称	参数	数量	元器件名称	参数	数量
电解电容	22μF	1	晶体振荡器	12MHz	1
瓷片电容	30pF	2	弹性按键		1

续表

元器件名称	参数	数量	元器件名称	参数	数量
电阻	1kΩ	1	2 位数码管		1
IC 插座	DIP40	1	排阻		1
单片机	89C51	1	电阻	100Ω	1
交通灯		2	按钮		3
发光二极管		1			

注：表中灰色底纹部分为系统时钟与复位电路所需的元器件，在图 2-12 中未画出，参见图 1-2。

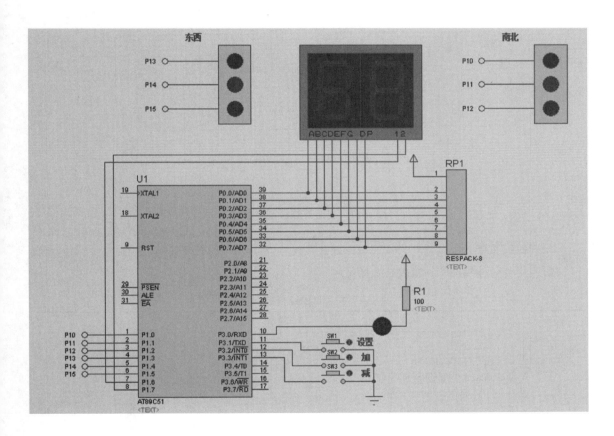

图 2-12　交通灯综合控制电路

二、程序编写

1. 程序流程

交通灯综合控制流程如图 2-13 所示。

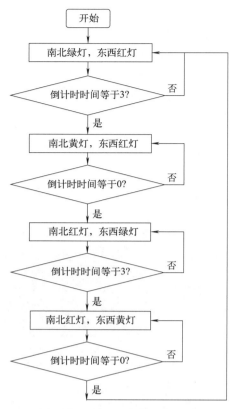

图 2-13 交通灯综合控制流程

2. 编写程序

交通灯综合控制程序如表 2-8 所示。

表 2-8 交通灯的综合控制程序

行号	程序
01	/＊proj5.c＊/
02	＃include ＜REG51.H＞
03	＃include ＜INTRINS.H＞
04	＃define uchar unsigned char
05	＃define uint unsigned int
06	sbit k1＝P3∧1;//设置按钮
07	sbit k2＝P3∧2;//增加秒数
08	sbit k3＝P3∧3;//减少秒数
09	sbit led＝P3∧0;
10	sbit smg1＝P1∧6;//数码管引脚
11	sbit smg2＝P1∧7;
12	uchar code tabel[10]＝{0x3f,0x06,0x5b,0x4f,0x66,0x6d,0x7d,0x07,0x7f,0x6f};
13	uchar sec＝0,miao＝0;//定时
14	uchar nan＝0;//东西南北时间
15	uchar mode＝0;//路灯工作顺序
16	uchar set＝20;//自由调整主次干道绿灯时间
17	uchar moshi＝0;

行号	程序
18	void delay(uint i)//延时
19	{
20	while(i——);
21	}
22	void control()//控制路灯
23	{
24	switch(mode)
25	{
26	case 0:P1＝0x0c;//南北绿灯亮,东西红灯亮
27	nan＝set＋1;//设置初始时间
28	break;
29	case 1:P1＝0x0a;//南北黄灯亮,东西红灯亮
30	break;
31	case 2:P1＝0x21;//东西绿灯亮,南北红灯亮
32	nan＝set＋1;//设置初始时间
33	break;
34	case 3:P1＝0x11;//东西黄灯亮,南北红灯亮
35	break;
36	}
37	}
38	void display()//显示各路口时间
39	{
40	P0＝tabel[nan/10];
41	smg1＝0;
42	delay(100);
43	smg1＝1;
44	P0＝tabel[nan%10];
45	smg2＝0;
46	delay(100);
47	smg2＝1;
48	}
49	void main()//主函数
50	{
51	uchar k＝0;
52	TMOD＝0x01;//定时器设置
53	TH0＝(65536-50000)/256;//高 8 位初值
54	TL0＝(65536-50000)%256;//低 8 位初值
55	ET0＝1;//开中断
56	EA＝1;
57	TR0＝1;//启动定时器
58	control();
59	nan＝set;//设置初始时间
60	while(1)
61	{
62	if(led)
63	display();//显示
64	if(! k1 &&(k! ＝1))//设置按钮按下
65	{ //模式切换
66	led＝! led;

行号	程序
67	if(led)
68	{
69	mode＝3；
70	nan＝0；
71	}
72	k＝1；
73	}
74	if(！led)//调节时间
75	{
76	P1＝0；
77	if(！k2 &&(k! ＝2))//时间加
78	{
79	if(set＜99)
80	set＋＋；
81	k＝2；
82	}
83	if(！k3 &&(k! ＝3))//时间减
84	{
85	if(set＞8)
86	set－－；
87	k＝3；
88	}
89	P0＝tabel[set/10]；//显示通行时间
90	smg1＝0；
91	delay(100)；
92	smg1＝1；
93	P0＝tabel[set%10]；
94	smg2＝0；
95	delay(100)；
96	smg2＝1；
97	}
98	if(k1 && k2 && k3)
99	k＝0；
100	}
101	}
102	void timer0()interrupt 1//定时器0中断
103	{
104	if(moshi==0)
105	{
106	if(sec＜20)
107	sec＋＋；
108	else
109	{
110	sec＝0；
111	if((nan==0)||(nan==4))//一轮结束
112	{
113	if(mode＜3)
114	mode＋＋；
115	else

行号	程序
116	mode=0；
117	control()；//显示
118	}
119	if(nan＞0)//倒计时
120	nan－－；
121	}
122	}
123	TH0=(65536-50000)/256;//重装定时器
124	TL0=(65536-50000)%256;
125	}

3. 程序说明

① 06～11 行：定义 3 个按钮，一个指示灯及两个数码管引脚。

② 12 行：用数组形式定义共阴显示的段码值。

③ 18～21 行：定义延时子函数。

④ 22～37 行：定义子函数，控制路灯，即控制正常情况下路灯的 4 种状态。

⑤ 38～48 行：定义路口时间子函数，为了简化程序，设定南北方向和东西方向的通行时间一样。利用 2 位数码管引脚，一个控制十位显示，一个控制个位显示。

⑥ 49～101 行：定义主函数，启动定时器 T0 （TR0=1；），并打开中断允许总开关（EA=1；），循环判断设置按钮是否有按下，即指示灯是否有亮起；当指示灯亮起，进一步判断是 SW2 （增加秒数按键）按下，还是 SW3 （减少秒数按键）按下，依次进行设定。

⑦ 102～125 行：定义定时器中断，定时时间到，切换不同状态。

三、创建程序文件并生成 . HEX 文件

打开 MedWin，新建任务文件，创建程序文件，输入上述程序，然后按工具栏上的"产生代码并装入"按钮（或按 CTRL＋F8），如果编译发现错误需对程序进行修改，直到编译成功，此时将在对应任务文件夹的 Output 子目录中生成目标文件。

四、运行程序观察结果

在 Proteus 中打开项目 2 任务 2 设计电路，把已编译所生成的文件下载到单片机中，再运行并观察结果。

运行过程中按下"SW1"开关，观察指示灯的变化和交通灯的状态。分别观察按下"SW2"开关和"SW3"开关，数码管数值显示的变化。

如果有实物板可把程序下载到实物板上再运行、调试。也可以根据图 2-12 与表 2-7 提供的原理图与器件清单在万能板上搭出电路后再把已编译所生成的 . hex 文件下载到单片机中，然后再调试运行。

🐟【知识链接】

一、中断的概念

1. 中断及中断源

（1）中断

CPU 暂时中止其正在执行的程序，转去执行请求中断的那个外设或事件的服务程序，等处理完毕后再返回执行原来中止的程序，叫作中断。

如图 2-14 所示，CPU 在处理程序的 A 过程中，发生了另一事件 B 请求 CPU 迅速去处理（中断发生）；CPU 暂时中断当前的工作，转去处理事件 B（中断响应和中断服务）；待 CPU 将事件 B 处理完毕后，再回到原来事件 A 被中断的地方继续处理事件 A（中断返回），这就是 MCS-51 单片机中断的过程。

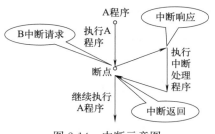

图 2-14　中断示意图

（2）中断源

引起 CPU 中断的根源，称为中断源，正是中断源向 CPU 提出中断请求的。CPU 暂时中断原来的事务 A，转去处理事件 B。对事件 B 处理完毕后，再回到原来被中断的地方（即断点），称为中断返回。实现上述中断功能的部件称为中断系统（中断机构）。

2. 中断的特点

为什么要引入中断？在本任务中大家应该感受到两个开关响应速度的不同：按下开关 S1 状态并不一定立即变化，而按下"紧急按钮"指示灯的状态就立即变化，这是因为前者是通过查询实现的——它是被动的，只有等到程序执行到该判断语句时才执行；而后者是通过中断实现的——中断是主动的，一旦它被按下就会立马请求处理。

总之，引入中断具有如下优点。

① 提高 CPU 工作效率：能解决快速主机与慢速 I/O 设备的数据传送问题。

② 具有实时处理功能：CPU 能够及时处理应用系统的随机事件，系统的实时性大大增强。

③ 具有故障处理功能：CPU 具有处理设备故障及掉电等突发性事件的能力，从而使系统可靠性提高。

④ 实现分时操作：CPU 可以分时为多个 I/O 设备服务，提高了计算机的利用率。

二、MCS-51 的中断系统

1. MCS-51 的中断结构

（1）中断源

80C51 单片机的中断源共有 5 个，其中 2 个为外部中断源，3 个为内部中断源。

① INT0：外部中断 0，中断请求信号由 P3.2 输入。

② INT1：外部中断 1，中断请求信号由 P3.3 输入。

③ T0：定时/计数器 0 溢出中断，对外部脉冲计数由 P3.4 输入。

④ T1：定时/计数器 1 溢出中断，对外部脉冲计数由 P3.5 输入。

⑤ 串行中断：包括串行接收中断 RI 和串行发送中断 TI。

（2）中断控制寄存器

MCS-51 单片机中涉及中断控制的有 3 个方面的 4 个特殊功能寄存器。

中断请求控制寄存器。INT0、INT1、T0、T1 中断请求标志放在 TCON 中，串行中断请求标志放在 SCON 中。

TCON 的结构、位名称和功能如表 2-9 所示。

表 2-9　TCON 的结构、位名称和功能

TCON	D7	D6	D5	D4	D3	D2	D1	D0
位名称	TF1	—	TF0	—	IE1	IT1	IE0	IT0
功能	T1 中断 标志	—	T0 中断 标志	—	INT1 中断 标志	NT1 触发 方式	INT0 中断 标志	INT0 触发 方式

TCON 位功能：

a. TF1——T1 溢出中断请求标志，T1 计数溢出后，TF1＝1。

b. TF0——T0 溢出中断请求标志，T0 计数溢出后，TF0＝1。

【温馨提示】

定时器溢出时置位中断请求标志，进入中断响应后自动清零中断请求标志。

a. IE1——外中断请求标志，当 P3.3 引脚信号有效时，IE1＝1。

b. IE0——外中断请求标志，当 P3.2 引脚信号有效时，IE0＝1。

c. IT1——外中断触发方式控制位，IT1＝1，边沿触发方式（申请中断的信号负跳变有效）；IT1＝0，电平触发方式（申请中断的信号低电平有效）。

d. IT0——外中断触发方式控制位，其意义和功能与 IT1 相似。

串行控制寄存器 SCON。SCON 的结构、位名称和功能如表 2-10 所示

表 2-10　SCON 的结构、位名称和功能

SCON	D7	D6	D5	D4	D3	D2	D1	D0
位名称	SM0	SM1	SM2	REN	TB8	RB8	TI	RI
功能							串行发送 中断标志	串行接收 中断标志

其中与中断请求有关的位是 TI 和 RI（其他位参考 MCS-51 串口的相关内容）。

TI 和 RI 分别是发送完一帧数据和接收完一帧数据的标志，进入中断后它们不会自动清零，为此必须由软件清零。

80C51 对中断源的开放或关闭由中断允许控制寄存器 IE 控制。IE 的结构、位名称和位地址如表 2-11 所示。

表 2-11　IE 的结构、位名称和位地址

IE	D7	D6	D5	D4	D3	D2	D1	D0
位名称	EA	—	—	ES	ET1	EX1	ET0	EX0
中断源	CPU	—	—	串行口	T1	INT1	T0	INT0

a. EA——CPU 中断允许控制位（总开关）。EA＝1，CPU 开中；EA＝0，CPU 关中，且屏蔽所有 5 个中断源。

b. EX0——外中断 INT0 中断允许控制位：EX0＝1，INT0 开中；EX0＝0，INT0 关中。

c. EX1——外中断 INT1 中断允许控制位：EX1＝1，INT1 开中；EX1＝0，INT1 关中。

d. ET0——定时/计数器 T0 中断允许控制位：ET0＝1，T0 开中；ET0＝0，T0 关中。

e. ET1——定时/计数器 T1 中断允许控制位：ET1＝1，T1 开中；ET1＝0，T1 关中。

f. ES——串行口中断（包括串发、串收）允许控制位。ES＝1，串行口开中；ES＝0，串行口关中。

80C51 对中断实行两级控制，总控制位是 EA，每一中断源还有各自的控制位。要让某个中断源能得到中断响应，首先要让 EA＝1，其次还要自身的控制位置为"1"。

在本任务中，开放中断源采用了以下的语句：

EA＝EX0＝1;　//开放中断总允许位和外部中断 0 允许位（它也可以写成 IE＝0x81;）

IT0＝1;　　　//置外部中断 0 为负跳变（边沿）触发

中断优先级控制寄存器 IP 的结构、位名称和位地址如表 2-12 所示。

表 2-12　IP 的结构、位名称和位地址

IP	D7	D6	D5	D4	D3	D2	D1	D0
位名称	—	—	—	PS	PT1	PX1	PT0	PX0
中断源	—	—	—	串行口	T1	INT1	T0	INT0
功能				串行口中断优先控制位	定时器 T1 中断优先控制位	外部中断 1 中断优先控制位	定时器 T0 中断优先控制位	外部中断 0 中断优先控制位

80C51 提供两级优先级控制——低优先级（0）和高优先级（1），由 IP 的相应位确定。对于同级的中断申请，其优先顺序依次为 INT0→T0→INT1→T1→串行口，但只有高一级的中断请求才能打断低级的中断处理，同级之间不能相互打断。

当系统复位后，IP 低 5 位自动清零，所有中断源均设定为低优先级中断，用户可在程序中改变 IP 的相应位，从而改变相应中断源的中断优先级。

综上所述，80C51 的中断系统有 5 个中断源（8052 有 6 个），2 个优先级，可实现二级中断嵌套，其中断系统的结构如图 2-15 所示。

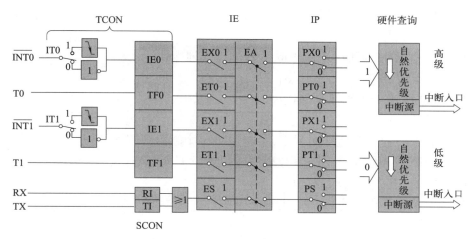

图 2-15　中断系统的结构

① P3.2 可由 IT0（TCON.0）选择其为低电平有效还是下降沿有效。当 CPU 检测到 P3.2 引脚上出现有效的中断信号时，中断标志 IE0（TCON.1）置 1，向 CPU 申请中断。

② P3.3 可由 IT1（TCON.2）选择其为低电平有效还是下降沿有效。当 CPU 检测到 P3.3 引脚上出现有效的中断信号时，中断标志 IE1（TCON.3）置 1，向 CPU 申请中断。

③ TF0（TCON.5），片内定时/计数器 T0 溢出中断请求标志。当定时/计数器 T0 发生溢出时，置位 TF0，并向 CPU 申请中断。

④ TF1（TCON.7），片内定时/计数器 T1 溢出中断请求标志。当定时/计数器 T1 发生溢出时，置位 TF1，并向 CPU 申请中断。

⑤ RI（SCON.0）或 TI（SCON.1），串行口中断请求标志。当串行口接收完一帧串行数据时置位 RI 或当串行口发送完一帧串行数据时置位 TI，向 CPU 申请中断。

2. 中断处理过程

MCS-51 的中断处理过程大致可分为四步：中断请求、中断响应、中断服务、中断返回。

（1）中断请求

中断源发出中断请求信号，相应的中断请求标志位（在中断允许控制寄存器 IE 中）置 "1"。

（2）中断响应

CPU 查询（检测）到某中断标志为 "1"，在满足中断响应的条件下，响应中断。

① 中断响应条件。

a. 该中断已经 "开中"。

b. CPU 此时没有响应同级或更高级的中断。

c. 当前正处于所执行指令的最后一个机器周期内。

　　d. 正在执行的指令不是中断返回指令或者是访问 IE、IP 的指令，否则必须再另外执行一条指令后才能响应。

　　② 中断响应操作。CPU 响应中断后，进行下列操作。

　　a. 保护断点地址。

　　b. 撤除该中断源的中断请求标志。

　　c. 关闭同级中断。

　　d. 将相应中断的入口地址送入 PC，以便进入中断服务程序。

　　③ 执行中断服务程序。中断服务程序应包含以下几部分：

　　a. 保护现场。

　　b. 执行中断服务程序主体，完成相应操作。

　　c. 恢复现场。

　　④ 中断返回。中断服务程序执行完后，系统将通过自动完成下列操作以实现中断的返回。（对于汇编程序，必须在中断服务程序的最后安排一条中断返回指令 RETI，当 CPU 执行 RETI 指令后才表示中断服务程序执行完毕。）

　　a. 恢复断点地址。

　　b. 开放同级中断，以便允许同级中断源请求中断。

【温馨提示】

　　① 在以上几个过程中，只有中断服务程序是由用户编写的，其他是由系统自动完成的。

　　② 中断响应等待时间：若排除 CPU 正在响应同级或更高级的中断情况，中断响应等待时间为 3～8 个机器周期。

3. 中断请求的撤除

　　中断源发出中断请求，相应中断请求标志置"1"。CPU 响应中断后，必须清除中断请求"1"标志。否则中断响应返回后，将再次进入该中断，引起死循环出错。

　　① 对定时/计数器 T0、T1 中断，外中断边沿触发方式，CPU 响应中断时就用硬件自动清除了相应的中断请求标志。

　　② 对外中断电平触发方式，需要采取软硬结合的方法消除后果。

　　③ 对串行口中断，用户应在串行中断服务程序中用软件清除 TI 或 RI。

4. 中断优先控制和中断嵌套

　　（1）中断优先控制

　　80C51 中断优先控制首先根据中断优先级来判断，此外还规定了同一中断优先级之间的中断优先权。其从高到低的顺序为：

　　INT0、T0、INT1、T1、串行口。

　　中断优先级是可编程的，而中断优先权是固定的，不能设置，仅用于同级中断源同时请求中断时的优先次序。

　　80C51 中断优先控制的基本原则：

　　① 高优先级中断可以中断正在响应的低优先级中断，反之则不能。

　　② 同优先级的中断不能互相中断。

③ 同一中断优先级中，若有多个中断源同时请求中断，CPU 将先响应优先权高的中断，后响应优先权低的中断。

（2）中断嵌套

当 CPU 正在执行某个中断服务程序时，如果发生更高一级的中断源请求中断，CPU 可以"中断"正在执行的低优先级中断，转而响应更高一级的中断，这就是中断嵌套，如图 2-16 所示。

中断嵌套时，只能高优先级"中断"低优先级，低优先级不能"中断"高优先级，同一优先级也不能相互"中断"。

中断嵌套结构类似于调用子程序嵌套，不同的是：

① 子程序嵌套是在程序中事先安排好的；中断嵌套是随机发生的。

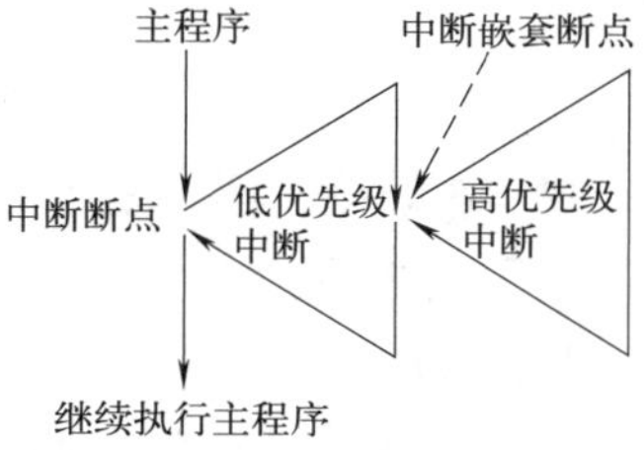

图 2-16　中断嵌套

② 子程序嵌套无次序限制，中断嵌套只允许高优先级"中断"低优先级。

5. 中断系统的应用

（1）中断初始化

① 定义外中断触发方式。如本任务主函数中的第 26 行。

② 开放中断。如本任务主函数中的第 27 行。

③ 必要时定义中断优先级。

④ 安排好等待中断或中断发生前主程序应完成的操作内容。

（2）编写中断服务函数

中断服务子程序内容要求如下：

① 根据需要保护现场。如本任务中断服务函数中的第 37、38 行。

② 中断源请求中断服务要求的操作。如本任务中断服务函数中的第 40～42 行。

③ 恢复现场，应与保护现场相对应。如本任务中断服务函数中的第 44、45 行。

三、中断函数

C51 编译器支持在 C51 源程序中直接以函数形式编写中断服务程序。C51 中断函数的基本格式如下：

Void 函数名（）　interrupt n［using m］

其中 n 为中断类型号，其取值与 MCS-51 的五个中断源一一对应，如表 2-13 所示。

表 2-13　80C51 五个中断源的中断号及中断入口地址

中断源	INT0	T0	INT1	T1	串行口
中断入口地址	0003H	000BH	0013H	001BH	0023H
中断号 n	0	1	2	3	4

如本任务中用到了外部中断 0，中断号为 0，因此该中断函数的结构为：

void int0（）　interrupt 0　//外部中断 0 函数

｛

......
}

关于中断函数的几点说明：

① 中断函数无返回值。

② 中断函数不能定义形式参数，函数名由用户指定，只要符合标识符的命名规则即可。

③ 中断函数不能由用户调用，而是由系统在满足一定条件下自动执行。

④ 中断函数基本格式中［using m］为可选部分（如果选用了不能带中括号），其中"m"的取值范围为 0、1、2、3，它对应于内部的 4 组寄存器。

【小课堂】

在单片机应用中，不同的中断源可能具有不同的优先级。例如，在工业控制系统中，当出现温度过高的情况时，系统需要立即停止工作并进行报警，这就需要将温度检测中断的优先级设置得较高。而在汽车电子中，为了确保行驶安全，需要对车速进行实时监测和调整，这就需要将车速监测中断的优先级设置得较高。通过这些实际案例的讲解，可以帮助学生理解根据实际需要合理设置中断优先级的重要性。

在讲解单片机的中断优先级时，可以强调职业道德和责任意识在单片机开发中的重要性。作为一名嵌入式系统开发工程师，需要具备严谨的工作态度和责任心，要根据实际需要合理设置单片机的中断优先级，以确保系统的安全性和可靠性。同时，还需要关注环保和节能等问题，遵循相关法规和标准，为社会作出贡献。

【任务考核与评价】

评价任务	评价内容	分值	自我评价	小组评价	教师评价	得分
技能目标	①会编写中断服务程序 ②会编写交通灯综合控制程序	20 20				
知识目标	①能掌握 C51 中断的应用 ②能领会中断的概念	20 10				
情感态度	①出勤情况 ②纪律表现 ③实操情况 ④团队意识	5 5 10 10				
总分		100				

【巩固复习】

一、填空题

（1）外部中断 1 的中断类型号为（　　　　）。

（2）如果仅允许外部中断 1 中断，则应该给 IE 赋值（　　　　　）。

（3）MCS-51 有（　　　）个中断源。

（4）外部中断 1 的中断信号是由（　　　　　）引脚引入的。

（5）外部中断 1 的触发方式控制位由（　　　　　）设定，可由用户设定为边沿触发或低电平触发。

（6）系统复位后默认的优先级为（　　　）。

二、选择题

（1）设有语句——IE＝0x87，则允许中断的中断源是（　　　）。

A. 外部中断 0　　　　　　　　B. 外部中断 1

C. 定时器 0　　　　　　　　　D. 以上都允许

（2）对 MCS-51 如果程序中设定了"PX1＝1;"，则中断的优先顺序为（　　　）。

A. INT0→T0→INT1→T1

B. INT1→T0→INT0→T1

C. INT1→INT0→T0→T1

D. INT1→T1→INT0→T0

（3）C51 对中断函数的描述正确的是（　　　）。

A. 中断函数名决定了是哪一个中断源的中断函数

B. 可以定义形参

C. 可以有返回值

D. 函数定义中"interrupt n"中的 n 决定了是哪一个中断源的中断函数

（4）下列描述正确的是（　　　）。

A. 中断函数的调用是由用户在程序中写好的

B. C51 中一般函数的调用是由用户在程序中写好的

C. 一般函数需要由用户定义，而中断函数的定义是由系统自动完成的

D. 在程序中要执行多少次中断函数调用是由用户设定好的

三、简答题

（1）什么叫中断？什么叫中断源？

（2）引入中断有什么好处？

（3）响应中断需要什么前提条件，以 INT0 为例进行说明。

（4）什么叫中断嵌套？它需要什么条件？画出一个中断嵌套的示意图。

（5）简述中断的处理过程。

❈【实战提高】

以图 2-17 设计电路为依据（可直接在项目 2 所在目录下打开设计电路文件），模拟实现中断嵌套的控制，按表 2-14 所描述的功能完成下列任务：画出程序流程图、编写程序、编译和仿真运行。

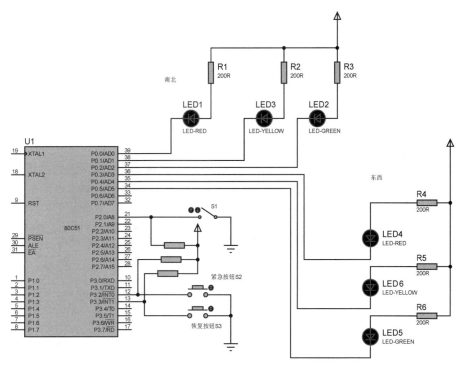

图 2-17　交通灯综合控制设计电路

表 2-14　交通灯综合控制

状态		主道（南北方向）			支道（东西方向）			说明
		红灯	黄灯	绿灯	红灯	黄灯	绿灯	
白天	状态 1	灭	灭	亮	亮	灭	灭	主道通行，支道禁行，维持约 30s
	状态 2	灭	亮	灭	亮	灭	灭	主道警告，支道禁行，维持约 4s
	状态 3	亮	灭	灭	灭	灭	亮	主道禁行，支道通行，维持约 15s
	状态 4	亮	灭	灭	灭	亮	灭	主道禁行，支道警告，维持约 4s
夜间		灭	闪	灭	灭	闪	灭	开关 S1 闭合
紧急状态		亮	灭	灭	亮	灭	灭	按下紧急按钮 S2，进入此状态，直到按下恢复按钮 S3 才恢复原状态

简易抢答器设计与制作

📁 【项目情境描述】

大家好，通过前面项目的学习，我们设计完成了交通灯的综合控制，当你亲自动手实现生活中常见的自动控制，相信你一定很兴奋很有成就感！现在我们就来趁热打铁，继续进一步学习单片机常见的控制对象数码管的应用。先来看看，图 3-1 所示的物品中有没有你熟悉的呢？

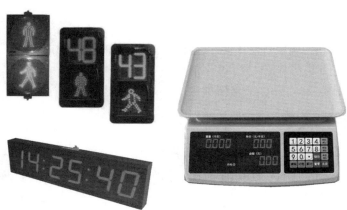

图 3-1 计时器及电子秤

生活当中为了直观地显示温度、数字、日期、时间、重量等等，常常会用到数码管，它具有显示醒目且直观的优点。仔细观察数码管的外观可以发现，不同数字的显示实际上是通过控制不同段位的亮暗组合来实现的。数码管中每一段就是一个 LED 发光二极管，控制 LED 亮灭在前面的案例中我们已经学会了，所以本章节的内容相信大家也能很好地掌握，接下来我们就开始进入数码管控制的学习吧！

抢答器是人们娱乐生活中常见的工具，在电视节目中经常看到抢答器出现在知识竞赛、答题竞赛节目中，抢答器可以准确、公正、直观、公平地显示出抢答选手的编号，可以更好地促进各选手之间的竞争意识，营造紧张的抢答气氛，增加节目的趣味性和观赏性。本章我们将循序渐进学习单片机中数码管、定时器、按键等的使用，最后结合起来完成一个简易抢答器的设计与制作。

任务 1　数码管上循环显示 0~9 设计

📖【任务导入】

理解数码管显示原理，编写程序，使数码管上循环显示数字 0~9（静态显示）。

➡️【任务目标】

知识目标

（1）掌握共阴和共阳数码管显示数字的方法。

（2）掌握一维数组的应用。

（3）灵活运用单片机控制数码管静态显示数字。

技能目标

（1）能使用 Protues 软件绘制共阴和共阳数码管工作电路原理图。

（2）能在 MedWin 中编写数码管显示程序。

（3）程序运行调试和修改。

素养目标

（1）培养学生通过现象（结果）去发现问题、解决问题的能力。

（2）培养学生团队协作和小组讨论能力。

（3）培养学生实事求是的探究精神。

✈️【任务组织形式】

采取以小组（2 个人一组）为单位的形式互助学习，有条件的每人一台电脑，条件有限的可以两人合用一台电脑。用仿真实现所需的功能后，如果有实物板（或自制硬件电路），可把程序下载到实物板上再运行、调试，学习过程中鼓励小组成员积极参与讨论。

💼【任务实施】

一、创建硬件电路

实现此任务的电路原理图如图 3-2 所示，使用 Proteus 软件绘制电路原理图的步骤在前述章节中已介绍，这里不再赘述，系统对应的元器件清单如表 3-1 所示。

表 3-1　元器件名称标识

元器件名称	参数	元器件名称	参数
一位共阴极数码管	7SEG-MPX1-CC	两位共阴极数码管	7SEG-MPX2-CC
一位共阳极数码管	7SEG-MPX1-CA	四位共阴极数码管	7SEG-MPX4-CC
排阻	RX8 或 RESPAK-8	按钮	BUTTON
蜂鸣器	BUZZER		

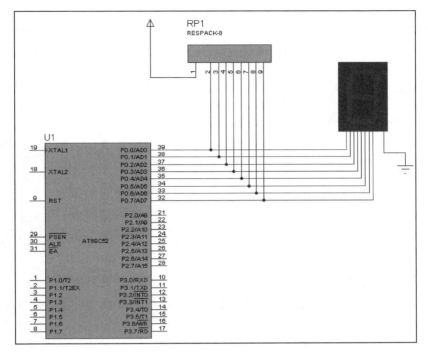

图 3-2 数码管 0～9 显示电路原理图

电路说明:

① 51 单片机一般采用+5V 电源供电。

② 51 单片机的最小系统如前面章节所示。

③ 本案例采用一位共阴极数码管(7SEG-MPX1-CC),数码管经排阻 RESPAK-8 与 P0.0～P0.7 相连,当程序给 P0 端口送入数据时,数码管即显示相应内容。

二、程序编写

1. 编写的程序

数码管显示 0～9 的程序编写如表 3-2 所示。

表 3-2 数码管显示 0～9 的程序

序号	程序
01	#define uchar unsigned char
02	#define uint unsigned int
03	#define seg_data P0 //定义数码管数据口接至 P0 口
04	uchar code seg_code[]={0x3f,0x06,0x5b,0x4f,0x66,0x6d,0x7d,0x07,0x7f,0x6f,0x00};
05	//共阴数码管"0"～"9"段码表
06	void delayms(uint ms)//延时函数
07	{
08	uchar t;//声明变量 t
09	while(ms—)//延时时间变量递减,约 1ms 递减一次
10	for(t=0;t<120;t++);//计数循环
11	}
12	void main()//主程序

序号	程序
13	{
14	uchar i;//声明变量 i
15	while(1)//无限循环
16	{
17	for(i=0;i<=9;i++)//计数循环 9 次,变量 i 的范围 0～9
18	{
19	seg_data=seg_code[i];//输出显示段码
20	delayms(500);//延时约 500ms
21	}//计数循环结束
22	}//无限循环结束
23	}//主程序结束

2. 程序说明

① 04 行：用数组形式定义共阴显示的段码值。

② 06～11 行：定义延时子函数。在晶体振荡器频率为 12MHz 的情况下，所延时的时间约为 1ms。

③ 13～23 行：定义主函数，利用 for 循环依次输出显示段码。

【温馨提示】

此处延时子函数的编写也可以使用两个 for 语句的嵌套，其作用和使用 while 语句编写的延时子函数相同。其完整的形式如下。

```
void delay(uint z)
{
    uint x,y;
    for(x=z;x>0;x--)
    {
        for(y=120;y>0;y--)
        {
        }
    }
}
```

内部 for 循环中的语句为空，因此可以将一对花括号省略，同时在 for 语句后加上";"表示语句结束。外部 for 循环由于其内部只有一条语句，因此也可以将外部 for 循环的这对花括号省略。

三、创建程序文件并生成 .hex 文件

打开 MedWin，新建任务文件，创建程序文件，输入上述程序，然后按工具栏上的"产生代码并装入"按钮（或按 CTRL＋F8），如果编译发现错误需对程序进行修改，直到编译成功，此时将在对应任务文件夹的 Output 子目录中生成目标文件。

四、运行程序观察结果

在 Proteus 中打开项目 3 任务 1 设计电路，把已编译所生成的 .hex 文件下载到单片机中，同时观察结果，如图 3-3 所示。

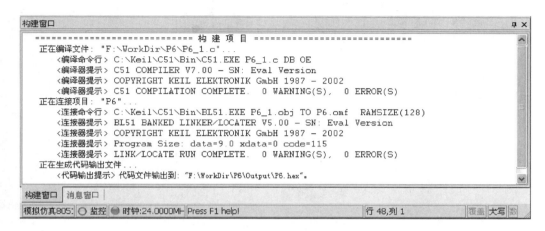

图 3-3   构建窗口

如果有实物板可把程序下载到实物板上再运行、调试。也可以根据图 3-2 提供的原理图与器件清单在万能板上搭出电路后再把已编译所生成的 .hex 文件下载到单片机中，然后再调试运行。

【知识链接】

一、数码管的结构

数码管常用来显示 0～9 十个数字，也可显示 a～f 等部分字符。按结构分为共阴数码管和共阳数码管两种，如图 3-4 所示。

对共阴数码管来说，其 8 个发光二极管的阴极全部连接在一起，所以称为"共阴"，而它们的阳极是独立的。通常在设计电路时把阴极接地，当给数码管的任意一个阳极加一个高电平时，对应的这个发光二极管就点亮了。给相对应的发光二极管送入高电平，就可以显示出相应的数字。要使数码管显示出相应的数字或字符，必须使单片机数据口输出相应的字型编码，即段码。

共阳数码管的 8 个发光二极管的所有阳极全部连接在一起，所以称为"共阳"，而它们的阴极是独立的。电路连接时，公共端接高电平，因此点亮发光二极管就需要给阴极送低电平，此时显示数字的编码与共阴极的编码正好相反。

对照图 3-4，若使用 P0 口驱动共阴数码管，则字型码各位的关系为：数据线 P0.0 与 a 字段对应、数据线 P0.1 与 b 字段对应、……、数据线 P0.6 与 g 字段对应、数据线 P0.7 与 dp（小数点）字段对应。数据"1"表示对应字段亮，数据"0"表示对应字段暗。分析可以得到共阴和共阳数码管数字 0～9 编码如表 3-3 所示。

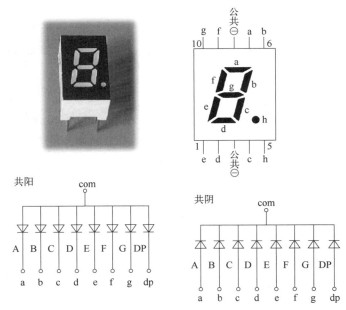

图 3-4 共阳和共阴数码管原理图

表 3-3 共阳和共阴显示字符段码表

显示字符	字型	共阳极									共阴级								
		dp	g	f	e	d	c	b	a	字型码	dp	g	f	e	d	c	b	a	字型码
0	0	1	1	0	0	0	0	0	0	C0H	0	0	1	1	1	1	1	1	3FH
1	1	1	1	1	1	1	0	0	1	F9H	0	0	0	0	0	1	1	0	06H
2	2	1	0	1	0	0	1	0	0	A4H	0	1	0	1	1	0	1	1	5BH
3	3	1	0	1	1	0	0	0	0	B0H	0	1	0	0	1	1	1	1	4FH
4	4	1	0	0	1	1	0	0	1	99H	0	1	1	0	0	1	1	0	66H
5	5	1	0	0	1	0	0	1	0	92H	0	1	1	0	1	1	0	1	6DH
6	6	1	0	0	0	0	0	1	0	82H	0	1	1	1	1	1	0	1	7DH
7	7	1	1	1	1	1	0	0	0	F8H	0	0	0	0	0	1	1	1	07H
8	8	1	0	0	0	0	0	0	0	80H	0	1	1	1	1	1	1	1	7FH
9	9	1	0	0	1	0	0	0	0	90H	0	1	1	0	1	1	1	1	6FH
—	—	1	0	1	1	1	1	1	1	BFH	0	1	0	0	0	0	0	0	40H
.	.	0	1	1	1	1	1	1	1	7FH	1	0	0	0	0	0	0	0	80H
熄灭	灭	1	1	1	1	1	1	1	1	FFH	0	0	0	0	0	0	0	0	00H

【试一试，想一想】

刚刚我们已经分析了共阴和共阳数码管显示 0～9 的字符段码表，现在你能否分析出共阴和共阳数码管显示 A～F 的字符段码表呢?

二、数码管的显示原理

在单片机构成的实际应用电路中需要显示数字等信息时，所采用的 LED 数码管通

常是 N 位一体的，如二位一体、四位一体等，如图 3-5 所示。这样可以简化电路、节省单片机的 I/O 线。当多位一体时，它们内部的公共端是独立的，而负责显示什么数字的段线按同类各自连接在一起，独立的公共端可以控制多位一体中的哪一个数码管点亮。连接在一起的段线称为"段选线"，而公共端称为"位选线"，这样通过单片机及外部驱动电路就可以控制任意的数码管显示任意的数字了。

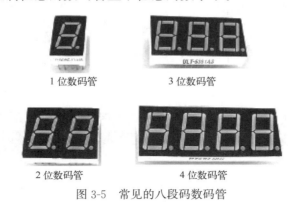

1 位数码管　　　　　　3 位数码管

2 位数码管　　　　　　4 位数码管

图 3-5　常见的八段码数码管

数码管的显示有静态显示和动态显示两种方式，下面分别加以叙述。

静态显示是指数码管显示某一字符时，相应的发光二极管恒定导通或恒定截止。这种显示方式的各位数码管相互独立，公共端恒定接地（共阴极）或接正电源（共阳极）。每个数码管的 8 个字段分别与一个 8 位 I/O 口地址相连，I/O 口只需要有段码输出，相应字符即显示出来，并保持不变，直到 I/O 端口输出新的段码。采用静态显示方式，用较小的电流即可获得较高的亮度，且占用 CPU 时间少，编程简单，显示便于监测和控制，但其占用的口线多，硬件电路复杂，成本高，只适用于显示位数较少的场合。

对于静态显示方式，N 位静态显示器要求有 $N \times 8$ 根 I/O 口线，如图 3-6 所示。

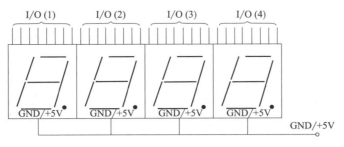

图 3-6　静态显示

动态显示是一位一位轮流点亮各位数码管，这种逐位点亮显示器的方式称为位扫描。通常，各位数码管的段选线相应并联在一起，由一个 8 位的 I/O 口控制；各位的位选线（公共阴极或阳极）由另外的 I/O 口线控制。动态方式显示时，各数码管分时轮流选通，要使其稳定显示，必须采用扫描的方式，即在某一瞬间位选线控制单片机送出位码值，只选通一位数码管，段选线控制单片机送出相应的段码值，以保证该位显示相应字符。依此规律循环，即可使各位数码管显示将要显示的字符。虽然这些字符是在不同的时刻分别显示，但由于人眼存在视觉暂留效应，只要每位显示间隔时间足够短就可以给人以同时显示的感觉，同时具有视觉稳定的显示状态，动态显示如图3-7所示。

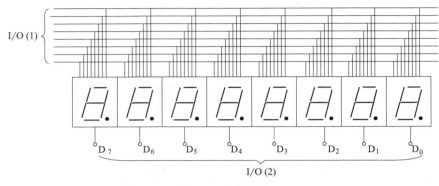

图 3-7　动态显示

【小课堂】

我们可以将课程思政的内容融入数码管静态与动态显示的学习中，以培养学生的科学素养和团队合作精神。

现象与本质：在探究数码管的静态与动态显示时，学生需要理解事物的现象与本质之间的关系。教师可以通过案例分析或实验演示的方式，引导学生观察数码管显示的规律和特点，并探究其背后的本质原理。同时，可以进一步扩展到生活中的其他现象，让学生理解眼见不一定为实，需要透过现象看本质。

科学方法论：在探究数码管静态与动态显示的过程中，学生需要掌握科学的方法论。教师可以通过引导学生进行实验、观察、分析和总结等环节，让学生了解科学研究的基本步骤和方法。同时，可以培养学生的科学态度和创新精神，鼓励他们在实践中验证理论，发现新问题，提出新思路。

团队合作：在小组合作环节中，学生需要学会与他人合作，发挥团队合作精神。教师可以通过组织小组讨论、合作实验、共同解决问题等活动，培养学生的沟通协调能力和团队合作精神。同时，可以引导学生尊重他人的观点和想法，共同决策，以达到更好的学习效果。

创新意识：在方案设计和优化环节中，学生需要发挥创新意识和创造力。教师可以通过引导学生进行头脑风暴、创意分享、方案改进等环节，培养学生的创新能力和解决问题的能力。同时，可以鼓励学生尝试新的思路和方法，不畏困难，勇于尝试，以实现更好的学习成果。

采用动态显示方式比较节省I/O端口，硬件电路也较静态显示方式简单，但其亮度不如静态显示方式，程序较静态显示方式复杂，而且在显示位数较多时，CPU要依次扫描，占用CPU较多的时间。

三、数组的使用

数码管显示的数字"0～9"的字型码没有规律可循。将无规律的数据有序化，简单的方法就是把数存入数组。数组是有序数据的集合，数组中的每一个元素都属于同一个数据类型，用一个统一的数组名和元素号来唯一地确定数组中的元素。数组又可以分为一维数组、二维数组、三维数组等。这里先学习一维数组。

一维数组的定义：

类型说明符　数组名［数组长度］＝｛元素 1，元素 2，……，元素 N｝；

说明：

① 数组名命名规则和变量名相同，遵循标识符命名规则。

② 数组名后是用方括号括起来的常量表达式，它表示数组长度，不能用圆括号。

③ 花括号内表示定义的各个元素初值，各元素初值之间用逗号隔开。

一维数组的引用：

数组必须先定义后使用，C51 语言规定，只能逐个引用数组元素而不能一次引用整个数组。数组元素的引用形式为：

数组名［元素号］

【温馨提示】　元素号从 0 开始计算。

在任务程序中，我们使用数组定义了数码管共阴显示的字符段码，如：

```
uchar code table[]=
{
    0x3f,0x06,0x5b,0x4f,0x66,0x6d,0x7d,0x07,0x7f,0x6f
};
```

其中，uchar 代表了数组类型为无符号的整型数据。table 表示数组名，而［］里面是空的，表示数组长度将直接由等号后花括号中的数据个数确定，在本例中该数组的长度为 10。等号后面的一组花括号定义了数组中的各个元素，各元素之间用逗号隔开且元素必须是常数或常量表达式。在数组元素引用时，通常的表示方法是：table［0］、table［8］等。注意，在这个数组引用时，table［0］＝0x3f。同理，table［9］＝0x6f。其实，这些数组元素就是数字 0～9 的共阴显示段码。那么，数组定义过程中的 code 又代表了什么呢？

【试一试、想一想】

如果 table 数组的长度为 10，那么能否引用数组元素 table［10］呢？

四、单片机中的存储器

之前的任务已经介绍了单片机的内部基本结构和资源，现在再来认识一下单片机中的存储器。

单片机的存储器可以分为片内存储器和片外存储器两种。因为片外存储器是需要另外扩展的，而且现在使用也不多，所以在此就不再赘述，只讨论单片机的内部存储器。

单片机的内部存储器又可分为数据存储器 RAM 和程序存储器 ROM。

1. 数据存储器

数据存储器主要用作缓冲和数据暂存，如用于存放运算中间结果以及设置特征标志等。MCS-51 系列单片机的内部数据存储器存储空间较小，它是系统的宝贵资源，要合理使用。MCS-51 系列单片机的内部 RAM 共有 256 个字节单元，按其功能划分为两部分：低 128 字节（00H～7FH）和高 128 字节（80H～FFH）地址空间。表 3-4 所示为低 128 字节单元的配置。

表 3-4　片内 RAM 低 128 字节单元的配置

地址范围	功能表述	地址范围	功能表述
30H～7FH	用户 RAM 区	10H～17H	工作寄存器 2 区
20H～2FH	位寻址区	08H～0FH	工作寄存器 1 区
18H～1FH	工作寄存器 3 区	00H～07H	工作寄存器 0 区

低 128 字节单元是单片机的真正 RAM 存储器，按其用途划分为寄存器区、位寻址区和用户 RAM 区三个区域。

任务 2 C51 常用数据类型中的位类型 bit 就存储在位寻址区中，而在 C51 中定义的变量等，它们的作用域就是在这些 RAM 中。

高 128 字节单元是供给专用寄存器使用的，因这些寄存器的功能已作专门规定，故称为专用寄存器，也称为特殊功能寄存器（Special Function Register）。这些特殊功能寄存器就是之前在介绍头文件时接触到的东西，它们在 C51 中的数据类型是 sfr 或者是 sbit 型的。

2. 程序存储器

程序存储器用于存放程序及表格常数。也就是说，那些不需要经常变动的数据就存放在 ROM 中，这样就节约了对 RAM 的使用。在前面定义存放字型码的数组中使用了 code，它就代表这个数组中的元素存放在 ROM 中。因为程序中那些数码管共阴显示的段码值是不变化的，因此可以把它放在 ROM 中。单片机的 ROM 比 RAM 大多了，一般 51 系列单片机的 ROM 有 4KB、52 有 8KB、54 有 16KB。

【温馨提示】

在程序存储器中，某些特定的单元已分配给系统使用，比如 0000H 单元是系统复位入口，单片机复位后，CPU 总是从 0000H 单元开始执行程序。此外，0003H～002AH 单元均匀地分为五段，被保留用于五个中断服务程序或中断入口。具体地址分配见表 3-5。

表 3-5　系统复位和中断入口地址

事件	入口地址	事件	入口地址
系统复位	0000H	外部中断 1	0013H
外部中断 0	0003H	定时器 1 溢出中断	001BH
定时器 0 溢出中断	000BH	串行口中断	0023H

综合以上知识，我们可以把数组理解成一个表格，将"0～9"字符码这些无规律的数组合起来存在表格中，而后采用查表的方式来每隔一定时间把查到的数据送到端口。

例如：定义共阳极数码管"0～9"段码表：

unsigned char code tab[]＝{0xc0,0xf9,0xa4,0xb0,0x99,0x92,0x82,0xf8,0x80, 0x90};

在数组表中获取数组，即查表语句如下：

```
unsigned char k;
    while(1)
    {
        for(k=0;k<10;k++)
        {
            P0=tab[k];                // 查表取数
        }
    }
```

📁 【任务考核与评价】

评价任务	评价内容	分值	自我评价	小组评价	教师评价	得分
技能目标	①会设计数码管动态显示控制电路 ②会编写动态显示程序	10 30				
知识目标	①能掌握动态显示函数的编写及调用 ②能领会数组的应用	20 10				
情感态度	①出勤情况 ②纪律表现 ③实操情况 ④团队意识	5 5 10 10				
总分		100				

✏️ 【巩固复习】

一、填空题

（1）数码管常用来显示数字和字母，按结构分为（　　）数码管和（　　）数码管两种。

（2）对于共阳数码管，要点亮相应的某段，应使单片机端口输出（　　）电平。

（3）数码管的显示有（　　）显示和（　　）显示两种方式。

二、选择题

（1）以下描述正确的是（　　）。

A. 数组长度是用圆括号括起来的

B. 数组中的每一个元素都属于同一个数据类型

C. 定义数组中各个元素时，中间用分号隔开

D. 数组元素引用时，最大元素号即表示数据长度

（2）在定义数组 uchar code tab[]={'a','b','c','d'}; 后，以下描述正确的是（　　）。

A. 数组的长度是 3

B. 数组的第 3 号元素是字符 d

C. 该数组将被存放在数据存储器中

D. 该数组定义是错误的

❋【实战提高】

1. 以图 3-8 设计电路为依据，要求能在数码管上循环显示 A～F。请编写程序、编译和仿真运行。

2. 如图 3-8 所示设计电路，添加 8 个按钮，当相应编号的按钮按下时，显示对应数字。编写程序、编译和仿真运行。

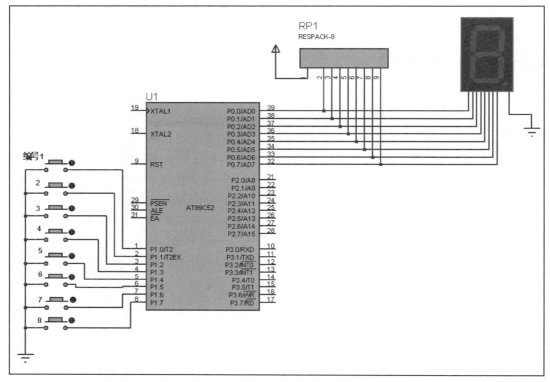

图 3-8　数码管上循环显示 A～F 电路图

任务 2　60s 定时秒表制作

📖【任务导入】

当第一次按下启动/暂停键时，秒表开始计时；当第二次按下启动/暂停键时，秒表暂停计时。当按下清零按键时，秒表显示回零。

➡️【任务目标】

知识目标

（1）理解按键去抖动的原理与应用。

（2）掌握数码管的综合应用。

技能目标

（1）能使用 protues 软件绘制工作电路原理图。

（2）能在 MedWin 中编写抢答器程序。

（3）程序运行调式和修改。

素养目标

（1）培养学生分析问题、解决问题的能力。

（2）培养学生团队协作和小组讨论能力。

（3）培养学生严谨细致的良好做事习惯。

【任务组织形式】

采取以小组（2 个人一组）为单位的形式互助学习，有条件的每人一台电脑，条件有限的可以两人合用一台电脑。用仿真实现所需的功能后，如果有实物板（或自制硬件电路），可把程序下载到实物板上再运行、调试，学习过程中鼓励小组成员积极参与讨论。

【任务实施】

一、创建硬件电路

实现此任务的电路原理图如图 3-9 所示。

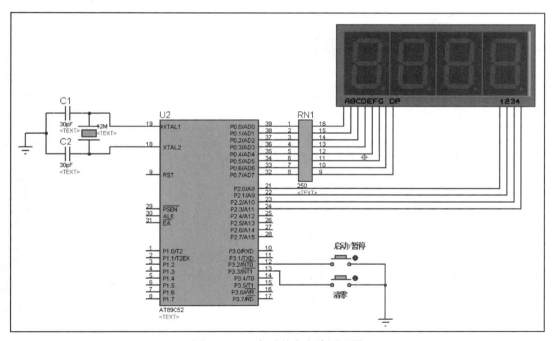

图 3-9　60s 定时秒表电路原理图

电路说明：

① 51 单片机一般采用＋5V 电源供电。

② 51 单片机的最小系统结构如前面章节所示。

二、程序编写

1. 编写的程序

60s 定时秒表的程序如表 3-6 所示。

表 3-6　60s 定时秒表的程序

序号	程序
01	#define uchar unsigned char
02	#define uint unsigned int
03	#define seg_data P0　//定义数码管数据口接至 P0 口
04	sbit seg1＝P2^0;　//声明第一位数码管位选接至 P2.0
05	sbit seg2＝P2^1;　//声明第二位数码管位选接至 P2.1
06	sbit seg3＝P2^2;　//声明第三位数码管位选接至 P2.2
07	sbit seg4＝P2^3;　//声明第四位数码管位选接至 P2.3
08	void delayms(uchar x)　//延时子程序
09	{　uchar i;
10	while(x--)for(i=0;i<120;i++);
11	}
12	//数码管显示段码
13	uchar code disp_code[　]={0xc0,0xf9,0xa4,0xb0,0x99,0x92,0x82,0xf8,0x80,0x90};
14	void disp(uint i)　//显示子程序
15	{　seg2＝seg3＝seg4=0;seg_data＝disp_code[i/1000];seg1=1;
16	//显示第一位数码管
17	delayms(2);
18	seg1＝seg3＝seg4=0;seg_data＝disp_code[i/100%10];seg2=1;
19	//显示第二位数码管
20	delayms(2);
21	seg1＝seg2＝seg4=0;seg_data＝disp_code[i/10%10];seg3=1;
22	//显示第三位数码管
23	delayms(2);
24	seg1＝seg2＝seg3=0;seg_data＝disp_code[i%10];seg4=1;
25	//显示第四位数码管
26	delayms(2);
27	}
28	uint i＝0;　//声明计数变量 i
29	void main()　//主程序
30	{　IE=0X87;　//开总中断,开 INT0、INT1、Timer0 中断
31	TCON=0x05;　//设置 INT0、INT1 为负边沿触发,不启动 Timer0
32	IP=0x05;　//把 INT0、Timer0 中断提至最高
33	TMOD=0x01;//设定 Timer0 为 16 位内部定时器
34	/*设置 Timer0 定时器为 10ms 中断一次(晶振为 12MHz)*/
35	TH0=(65536-10000)/256;　//赋 Timer0 高 8 位初值
36	TL0=(65536-10000)%256;　//赋 Timer0 低 8 位初值
37	while(1)　//无穷循环
38	{　disp(i);　//调用显示子程序
39	}
40	}
41	void my_INT0(void)interrupt 0　//INT0 中断程序(秒表的启动/暂停)

续表

序号	程序
42	{　TR0=~TR0；
43	}
44	void my_INT1(void)interrupt 2 //INT1 中断程序(秒表暂停,后清零)
45	{　if(TR0==0)　//判断 Timer0 是否停止
46	{　TH0=(65536-10000)/256；　//重新赋 Timer0 高 8 位初值
47	TL0=(65536-10000)%256；　//重新赋 Timer0 低 8 位初值
48	i=0；　//计数清零
49	}
50	}
51	void timer0(void)interrupt 1　//Timer0 定时器程序
52	{　　　TH0=(65536-10000)/256；　//重赋 Timer0 高 8 位初值
53	TL0=(65536-10000)%256；　//重赋 imer0 低 8 位初值
54	if(i<6000)i++；//如果计数不超过 60 秒则计数递增
55	else TR0=0；　//计数超过 60 秒则停止 Timer0 定时器
56	}

2. 程序说明

① 03~07 行：定义端口。

② 08~11 行：延时函数。

③ 51~56 行：定时器初始化函数。

三、创建程序文件并生成 .hex 文件

打开 MedWin，新建任务文件，创建程序文件，输入上述程序，然后按工具栏上的
"产生代码并装入"按钮（或按 CTRL＋F8），此时将在屏幕的构建窗口中看到图 3-10
所示的信息，它代表编译没有错误，也没有警告信息，且在对应任务文件夹的 Output
子目录中已生成目标文件。

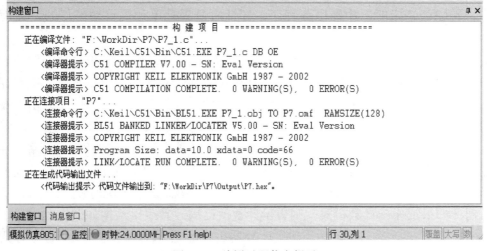

图 3-10　编译过程信息提示

四、运行程序观察结果

在 Proteus 中打开项目 3 任务 2 设计电路，把已编译所生成的 .hex 文件下载到单片机中，同时观察结果。

如果有实物板可把程序下载到实物板上再运行、调试。也可以根据图 3-9 提供的原理图与器件清单在万能板上搭出电路后再把已编译所生成的 .hex 文件下载到单片机中，然后再调试运行。

【知识链接】

一、定时器/计数器的结构与原理

在以往的案例中，我们使用过延时函数来使程序间隔一段时间运行，这个时间并不精确。单片机应用于检测、控制及智能仪器等领域时，通常需要更精确的实时时钟来实现定时或延时控制，也常需要有计数器对外界事件进行计数。8051 单片机内部的两个定时/计数器可以实现这些功能。

定时器/计数器是一种计数装置，若计数内部的时钟脉冲，可视为定时器；若计数外部脉冲，则可视为计数器。而定时器/计数器的应用可以采用中断的方式，当定时或计数达到终点时即产生中断，即单片机将暂停当前正在执行的程序，转去执行定时器中断服务程序，待完成定时器中断服务程序后，再返回到刚才暂停的地方，继续执行程序。

51 系列单片机有两个定时器/计数器，即定时器/计数器 0（简称 T0）和定时器/计数器 1（简称 T1）。52 系列单片机除了 T0 和 T1 外，还有一个 T2，共有三个定时器/计数器。定时器系统是单片机内部一个独立的硬件部分，它与单片机和晶振通过内部某些控制线连接并相互作用，单片机一旦设置开启定时器功能后，定时器便在晶振的作用下自动开始计时，当定时器的计数器计满后，会产生中断，即通知单片机暂停当前的工作，转去处理定时器中断服务程序。即计时过程是单片机自动进行的，无需人工操作。

定时器/计数器的实质是加 1 计数器（16 位），由高 8 位和低 8 位寄存器组成。定时器 T0 的高 8 位寄存器为 TH0，低 8 位的寄存器为 TL0；定时器 T1 的高 8 位寄存器为 TH1，低 8 位的寄存器为 TL1。加 1 计数器输入的脉冲有两个来源，一个是由系统的时钟振荡器输出脉冲经 12 分频后送来的；另一个是芯片引脚 T0（P3.4）或 T1（P3.5）上输入的脉冲计数，每来一个脉冲计数器加 1，当加到计数器为全 1 时，再输入一个脉冲使计数器回零，且计数器使 TCON 寄存器中的 TF0 或 TF1 置 1，向单片机发出中断请求（定时器/计数器中断允许时）。如果定时器/计数器工作于定时模式，则表示定时时间已到；如果工作于计数模式，则表示计数值已满。其逻辑结构如图 3-11 所示。

由图 3-11 可知，8051 单片机定时/计数器由定时器 0、定时器 1、定时器方式寄存器 TMOD 和定时器控制寄存器 TCON 组成。TMOD、TCON 与定时器 0、定时器 1 间

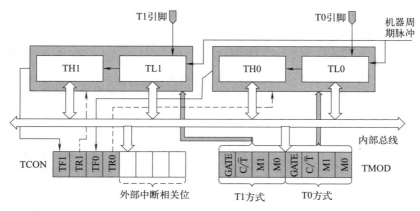

图 3-11　定时器/计数器的逻辑结构

通过内部总线及逻辑电路连接，TMOD 用于设定定时器的工作方式，TCON 用于控制定时器的启动与停止。

二、定时/计数器的方式寄存器和控制寄存器

1. 定时/计数器控制寄存器 TCON

TCON 的结构、位名称和功能参考前面表 2-9。

① TF1——定时/计数器 1 溢出中断请求标志，当定时/计数器 1 计数满产生溢出时，由硬件自动置 TF1＝1。在中断允许时，向 CPU 发出定时/计数器 1 的中断请求，进入中断服务程序后，由硬件自动清 0。

② TR1——定时/计数器 1 运行控制位。由软件置 1 或清 0 来启动或关闭定时/计数器 1。

③ TF0——定时/计数器 0 溢出中断请求标志，其功能及操作情况同 TF1。

④ TR0——定时/计数器 0 运行控制位，其功能及操作情况同 TR1。

2. 定时/计数器方式寄存器 TMOD

TMOD 的结构、位名称和功能如表 3-7 所示。

表 3-7　TMOD 的结构、位名称和功能

TMOD	D7	D6	D5	D4	D3	D2	D1	D0
位名称	GATE	C/$\overline{\text{T}}$	M1	M0	GATE	C/$\overline{\text{T}}$	M1	M0
功能	T1 门控位	T1 功能选择位	T1 方式选择位		T0 门控位	T0 功能选择位	T0 方式选择位	

TMOD 的低四位为定时/计数器 0 的方式字段，高 4 位为定时/计数器 1 的方式字段，它们的含义完全相同，TMOD 的位功能如下。

① GATE——门控位。当 GATE＝0 时，软件控制位 TR0 或 TR1 置 1 即可启动定时/计数器；当 GATE＝1 时，软件控制位 TR0 或 TR1 需置 1，同时还需 INT0（P3.2）或 INT1（P3.3）为高电平方可启动定时/计数器，即允许外部中断 INT0 和 INT1 启动定时/计数器。

111

② C/$\overline{\text{T}}$——功能选择位。C/$\overline{\text{T}}$=0 时，设置定时/计数器工作为定时器方式；C/$\overline{\text{T}}$=1 时，设置定时/计数器工作为计数器方式。

③ M1、M0——方式选择位。定义如表 3-8 所示。

表 3-8　M1、M0——方式选择位功能说明

M1、M0	工作方式	功能说明
00	方式 0	13 位计数器
01	方式 1	16 位计数器
10	方式 2	自动再装入 8 位计数器
11	方式 3	定时器 0:分成两个 8 位计数器 定时器 1:停止计数

【温馨提示】

定时/计数器有 4 种不同的工作方式，最常用的是方式 1，所以这里仅对方式 1 做简单介绍，如图 3-12 所示。

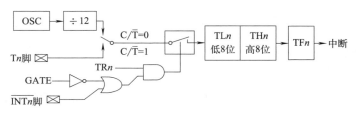

图 3-12　定时器工作于方式 1

由图可知，方式 1 为 16 位加法计数器。当低 8 位计数器 TLn 计数满时自动向高 8 位计数器 THn 进位，而 THn 计数满即溢出时向中断位 TFn 进位，同时向 CPU 申请中断。当 C/$\overline{\text{T}}$=0 时，电子多路开关连接 12 分频器的输出，定时/计数器对机器周期计数，此时，定时/计数器为定时器。当 C/$\overline{\text{T}}$=1 时，电子多路开关与外部引脚 Tn（P3.4 或 P3.5）相连，当外部信号电平发生由 1 到 0 的负跳变时，计数器加 1，此时，定时/计数器为计数器。

三、定时器初值的计算

定时器一旦启动，它便在原来的数值上开始加 1 计数，若在程序开始时，没有设置 TH0 和 TL0，那么它们的默认值都是 0。假设时钟频率为 12MHz，12 个时钟周期为一个机器周期，那么此时机器周期就是 1μs。对于定时/计数器工作于方式 1 的情况，计满 TH0 和 TL0 就需要 2 的 16 次方，即最大的计数容量就是 65536。我们可以把它理解成水容器，当容器装满时，水就要向外溢出，水溢出将会流到地面上，而定时/计数器溢出就使得 TF0 置 1，向 CPU 提出中断请求。

因此溢出一次共需 65536μs，约等于 65.5ms。如果要定时 50ms 的话，那么就需要先给 TH0 和 TL0 装一个初值，在这个初值的基础上计 50000 个数后，定时器溢出，此时刚好就是 50ms 中断一次。当需要定时 1s 时，累计产生 20 次 50ms 的定时器中断即视为 1s，这样便可精确控制定时时间了。要计 50000 个数时，TH0 和 TL0 中应该装入

的总数是 65536－50000＝15536，把 15536 对 256 求模，15536/256 装入 TH0 中，把 15536 对 256 求余，15536％256＝176 装入 TL0 中。

定时器的初值的计算步骤如下。

步骤 1：求出机器周期 T。

步骤 2：求出计数个数 N。

步骤 3：确定定时器初值。

下面举例说明：若单片机的晶振频率为 11.0592MHz，需要定时器 50ms 中断一次，则计算定时器初值如下。

步骤 1：求出机器周期 T。$T＝12×(1/11059200)＝1.09\mu s$。

步骤 2：定时 50ms 所需的计数个数 N。$N＝50000/1.09≈45872$

步骤 3：确定定时器初值。要计数 45872 个数时，若是 16 位定时器，则其最大可计数为 2 的 16 次方，即为 65536，则定时器初值为：65536－45872＝19664。

若使用定时器 0 方式 1，则由以上计算可知：

① 晶振频率为 11.0592MHz 的话。把初值 19664 对 256 求模，即 19664/256 的值放在高 8 位寄存器 TH0 中；把初值 19664 对 256 求余，即 19664％256 的值放在低 8 位寄存器 TL0 中。则

TH0＝(65536－45872)/256；

TL0＝(65536－45872)％256；

② 晶振频率为 12MHz 的话。把初值 15536 对 256 求模，即 15536/256 的值放在高 8 位寄存器 TH0 中；把初值 15536 对 256 求余，即 15536％256 的值放在低 8 位寄存器 TL0 中。则

TH0＝(65536－50000)/256；

TL0＝(65536－50000)％256；

【小课堂】

科学精神：在学习定时器/计数器以及中断系统的过程中，学生需要具备科学精神，包括探索、实践、验证和实事求是等。通过引导学生进行实验和实践活动，让他们学会如何通过实践来验证理论，并培养他们独立思考和解决问题的能力。

工匠精神：定时器与之前的延时函数相比，对于时间的使用更加严谨精确。这可以培养学生的工匠精神，即追求精细、准确和完美的精神。让他们明白在制作和使用程序时，需要注重细节和精度，以达到最佳的效果。

创新意识：鼓励学生发挥创新精神，探索新的应用和解决方案。定时器/计数器以及中断系统可以应用于各种不同的领域，学生可以通过探索不同的应用场景，发挥自己的想象力和创新能力。

责任意识：让学生明白在编写程序和使用技术时，需要承担相应的责任。技术的使用应该符合道德和法律标准，同时也应该考虑到对环境和社会的责任。

团队合作：鼓励学生进行团队合作，共同解决问题和学习。在团队中，学生可以互相学习、互相帮助，并培养团队合作和沟通的能力。

通过将这些课程思政的内容融入教学中，不仅可以培养学生的技术能力，还可以培养他们的职业素养和道德观念，为他们未来的职业生涯做好准备。

四、定时器的应用

1. 定时器的初始化

由于定时/计数器的功能是由软件编程确定的，所以，一般在使用定时/计数器前都要进行初始化。初始化步骤如下：

① 确定工作方式——对方式寄存器 TMOD 赋值。

② 预置定时或计数的初值——直接将初值写入 TH0、TL0 或 TH1、TL1。

③ 根据需要开启定时/计数器中断——直接对中断允许寄存器 IE 赋值。

④ 启动定时器——将 TR0 或 TR1 置 1。

在前面的程序中，定义的子函数 init 如下。

```
void init()
{
    TMOD=0x01;
    TH0=(65536-50000)/256;
    TL0=(65536-50000)%256;
    ET0=1;
    EA=1;
    TR0=1;
}
```

函数体中：

① 定义定时/计数器 T0 为定时器，工作于方式 1，即 16 位计数器，计数容量为 65536 个机器脉冲。

② 预置 T0 的高 8 位计数器，TH0 初值为 50000。

③ 预置 T0 的低 8 位计数器，TL0 初值为 50000。

④ 允许定时器 0 中断。

⑤ 中断总允许。

⑥ 启动定时器 0。

2. 定时/计数器中断服务函数

在前面的程序中，定义的中断服务函数如下。

```
void timer0() interrupt 1
{
    TH0=(65536-50000)/256;
    TL0=(65536-50000)%256;
    if(++cnt==20)
    {
        cnt=0;
        VD1=~VD1;
    }
}
```

函数体中：

① 重新预置 T0 的高 8 位计数器，TH0 初值为 50000。

② 重新预置 T0 的低 8 位计数器，TL0 初值为 50000。

③ 判断变量 cnt 的值是否已累加到 20？变量 cnt 的值等于 20，说明定时 1s 时间到（20 个 50ms），则将变量 cnt 值清 0，再将发光二极管 VD1 的值取反，达到 1s 闪烁 1 次的目的。

可以用图 3-13 表示该中断服务函数的流程图。

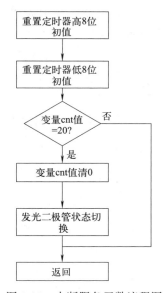

图 3-13　中断服务函数流程图

【温馨提示】　如何做到长时间定时？

根据定时器初值的计算方法，在晶振频率为 12MHz 的情况下，可以计算出定时器工作在方式 1 下的最大定时时间为：$t_{max}=(2^{16}-0)\times12/12(\mu s)=65.536$（ms）。那么如果要定时 1 秒、1 分钟、1 小时该怎么办呢？其实可以采用定时器×计数值的方法来实现长时间的定时。在这里，设置单片机 T0 定时时间为 50ms，那么就需要先给 TH0、TL0 预置一个初值 15536，在这个初值的基础上再计 50000 个脉冲后，定时器溢出，此时刚好就是 50ms 中断一次。当需要定时 1s 时，使用变量 cnt 在程序中产生 20 次 50ms 的定时器中断即视为 1s，这样便可以精确控制较长时间的定时了。

五、数据锁存器

上面的任务中，动态显示的四个数码管位选端分别被接到 P2.0～P2.3。通过调用动态显示的子函数，每隔一段时间实现 4 个数码管位选切换。

```
void disp(uint i)    //显示子程序
{    seg2＝seg3＝seg4＝0;seg_data＝disp_code[i/1000];seg1＝1;
//显示第一位数码管
    delayms(2);
    seg1＝seg3＝seg4＝0;seg_data＝disp_code[i/100%10];seg2＝1;
//显示第二位数码管
    delayms(2);
    seg1＝seg2＝seg4＝0;seg_data＝disp_code[i/10%10];seg3＝1;
//显示第三位数码管
    delayms(2);
    seg1＝seg2＝seg3＝0;seg_data＝disp_code[i%10];seg4＝1;
//显示第四位数码管
    delayms(2);
}
```

本案例秒表显示需要 4 个数码管,若要显示时、分、秒则需要更多数码管占用更多输入输出端口,51 系列单片机的 I/O 口仅有 4 组,端口资源是有限的,当端口不够时怎么办呢? ——要节约引脚、节约资源!

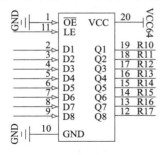

图 3-14   74HC573 数据
锁存器

在单片机应用系统中为了节约使用单片机的 I/O 资源,通常在电路中使用了数据锁存器,本例中也可以考虑使用 74HC573,即在数码管显示时采用分时复用的方法,将端口既作为段选线又作为位选线,通过数据锁存器将单片机发来的数据加以锁存保持,以持续快速地刷新数码管的显示。图 3-14 为数据锁存器 74HC573 的功能图及接线图。

【温馨提示】   由于 8051 单片机的 I/O 一般就是指 P0、P1、P2、P3 端口,在实际使用中可能还要使用 A/D、D/A 等资源,P3 端口还要作为第二功能使用,所以 I/O 端口就显得有些捉襟见肘了。这时可以采用让 I/O 端口分时复用的方法,以达到节省 I/O 资源的目的。

【小课堂】

结合习近平总书记党的二十大报告引导学生树立正确的价值观,养成不浪费、勤俭节约的品德。

引用习近平总书记的“要大力节约集约利用资源,推动资源利用方式根本转变,加强全过程节约管理,大幅降低能源、水、土地消耗强度”这句话可以作为引入,让学生了解节约资源的重要性和必要性。讨论资源短缺的问题。可以让学生了解国内和国际的资源短缺情况,引导他们认识到资源的珍贵性和有限性,从而树立珍惜资源、节约资源的意识。

结合生活实例。可以举出一些生活中浪费资源的例子,如不关水龙头、不关电灯等,引导学生认识到这些行为的危害性,从而养成勤俭节约的好习惯。

探讨勤俭节约的好处。可以让学生了解勤俭节约的好处,如减少能源消耗、降低碳排放、减少垃圾产生等,从而引导他们树立环保意识,养成勤俭节约的好习惯。

引用习近平总书记关于人类命运共同体的论述。可以让学生了解人类命运共同体的概念和意义,引导他们认识到每个人都是地球的一分子,每个人的行为都会对地球产生影响,从而树立环保意识和全球意识。

探讨如何在日常生活中厉行节俭、节约用水、用电、节约粮食。可以让学生了解如何在日常生活中厉行节俭、节约用水用电、节约粮食等,引导他们认识到这些行为的可行性和必要性,从而养成勤俭节约的好习惯。

强调个人的责任和行动的力量。可以让学生认识到每个人都可以为社会的可持续发展贡献自己的力量,引导他们从自身做起,从小事做起,以实际行动践行勤俭节约的理念。引导学生树立正确的价值观,养成不浪费、勤俭节约的品德,为社会的可持续发展贡献自己的力量。

要了解数据锁存器的工作原理，只需看它的功能表或真值表即可。表 3-9 显示了 74HC573 数据锁存器的功能。

表 3-9　74HC573 功能表

输入			输出
输出允许 $\overline{OE}$	锁存端 LE	数据端 D	输出端 Q
L	H	H	H
L	H	L	L
L	L	×	无变化
H	×	×	×

从表中可以看出，要让 74HC573 具备锁存功能，则它的输出允许 $\overline{OE}$ 应接低电平，当锁存端 LE 为高电平时输出端 Q 就跟随数据端 D 的数据，而当锁存端 LE 为低电平时输出端 Q 则保持之前的状态从而实现数据的锁存。下面来看一个用数据锁存器驱动 8 位一体数码管的案例，硬件连接如图 3-15 所示。

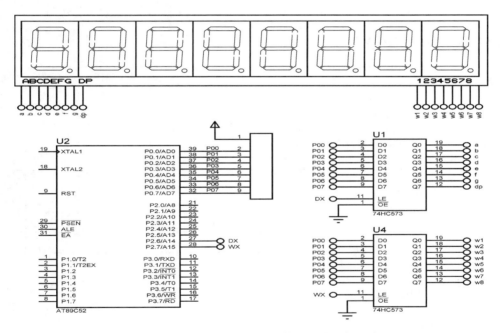

图 3-15　数据锁存器驱动 8 位一体数码管硬件电路图

如果要在某一位上显示一个数字，则使用如表 3-10 所示的语句。

表 3-10　显示一个数字的程序

行号	程序	行号	程序
01	DX=1;	05	WX=1;
02	WX=0;	06	P0=0xdf;
03	P0=table[1];	07	delay(2);
04	DX=0;	08	P0=0xff;

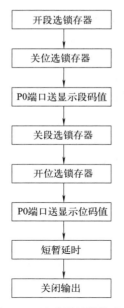

图 3-16 显示子函数的流程

① 01 行：打开段选锁存器 U1。

② 02 行：关闭位选锁存器 U4。

③ 03 行：由 P0 端口送出待显示的字符段码值。此处为 table [1]，即元素表中的第一项，对应 0x06，也就是显示数字 1。

④ 04 行：关闭段选锁存器 U1。

⑤ 05 行：打开位选锁存器 U4。

⑥ 06 行：由 P0 端口送出待显示数码管的位码值。此处为 0xdf，即对应电路图中左边第三位数码管。

⑦ 07 行：短暂延时，目的是使其稳定显示。

⑧ 08 行：关闭 P0 端口，消隐处理，防止数码管出现显示混乱现象。

当需要在另一个位置显示另一个字符时，则更改 P0 端口送出的段码和位码，按照规律轮流送出，就可以达到动态显示的目的了。图 3-16 为该显示子函数的流程图。

📁【任务考核与评价】

评价任务	评价内容	分值	自我评价	小组评价	教师评价	得分
技能目标	①会编写定时器的初始化函数	10				
	②会编写定时器中断服务函数	30				
知识目标	①能领会定时器的结构和原理	20				
	②能掌握定时/计数器的方式寄存器和控制寄存器的使用方法	10				
情感态度	①出勤情况	5				
	②纪律表现	5				
	③实操情况	10				
	④团队意识	10				
总分		100				

✏️【巩固复习】

一、填空题

（1）MCS-51 单片机的定时/计数器有（   ）个，分别为（   ）和（   ）。

（2）MCS-51 单片机定时/计数器的内部结构由以下四部分组成：

①（   ）②（   ）③（   ）④（   ）。

（3）定时器 1 的中断入口号是（   ）。

（4）启动 T0 开始定时是使控制寄存器 TCON 的（   ）置 1。

二、选择题

（1）MCS-51 系列单片机的定时/计数器 T1 用作定时方式时是（   ）。

A. 对内部时钟频率计数，一个时钟周期加 1

B. 对内部时钟频率计数，一个机器周期加 1

C. 对外部输入脉冲计数，一个时钟周期加 1

D. 对外部输入脉冲计数，一个机器周期加 1

（2）MCS-51 系列单片机的定时/计数器 T1 用作计数方式时计数脉冲是（　　）。

A. 外部计数脉冲，由 T1（P3.5）输入

B. 外部计数脉冲，由内部时钟频率提供

C. 外部计数脉冲，由 T0（P3.42）输入

D. 以上都可以

（3）MCS-51 系列单片机的定时/计数器 T0 用作定时方式，采用工作方式 1，则工作方式控制字为（　　）。

A. TMOD＝0x01　　　　　　　B. TMOD＝0x50

C. TMOD＝0x10　　　　　　　D. TCON＝0x02

（4）若要使数据锁存器 74HC573 具备数据锁存功能，除了将其输出允许 $\overline{OE}$ 接低电平，还应使其锁存端 LE 接（　　）。

A. 高电平　　　　　　　　　　B. 低电平

C. 任意　　　　　　　　　　　D. 能实现由高变低的信号端。

【实战提高】

以图 3-1 设计电路为依据（可直接在任务 2 所在目录下打开设计电路文件"proj7_1.DSN"），要求能使用定时器 1 控制发光二极管每 2s 闪烁 1 次。

任务 3　简易抢答器的制作

【任务导入】

设计完成一个简易抢答器，主持人按下抢答开始按键，抢答者才可以开始抢答，数码管抢答倒计时为 20s，蜂鸣器会发出倒计时声音提示。抢答者按下按键，数码管显示抢答者编号。主持人可通过按键修改倒计时时间。

【任务目标】

知识目标

（1）理解按键去抖动的原理与应用。

（2）掌握数码管的综合应用。

技能目标

（1）能使用 Protues 软件绘制工作电路原理图。

（2）能在 MedWin 中编写抢答器程序。

（3）程序运行调试和修改。

素养目标

（1）培养学生分析问题、解决问题的能力。

（2）培养学生团队协作和小组讨论能力。

（3）培养学生严谨细致的良好做事习惯。

【任务组织形式】

采取以小组为单位的形式互助学习，有条件的每人一台电脑，条件有限的可以两人合用一台电脑。用仿真实现所需的功能后，如果有实物板（或自制硬件电路），可把程序下载到实物板上再运行、调试，学习过程中鼓励小组成员积极参与讨论。

【任务实施】

一、创建硬件电路

抢答器硬件电路设计如图 3-17 所示。

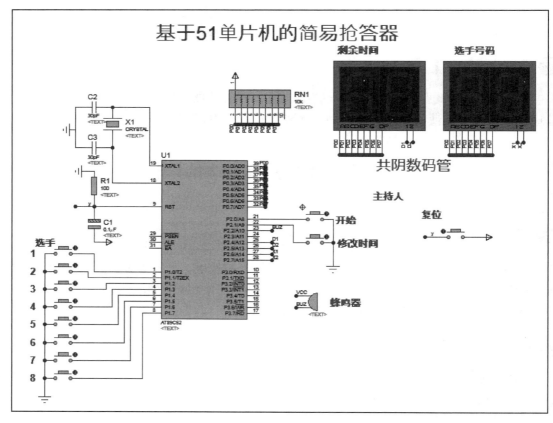

图 3-17　抢答器硬件电路

电路说明：

① 51 单片机一般采用＋5V 电源供电

② 51 单片机的最小系统结构如前面章节所示。

③ 显示部分如项目 3 任务 1 电路。

④ 8 个独立式按键分别连接单片机的 P1.0～P1.7 引脚。

二、程序编写

抢答器的程序编写如表 3-11 所示。

表 3-11　抢答器的程序

序号	程序
01	#define uchar unsigned char
02	#define uint unsigned int
03	#define　max 20
04	uchar tab[]={0x3f,0x06,0x5b,0x4f,0x66,0x6d,0x7d,0x07,0x7f,0x6f};//共阴数码管段码
05	
06	sbit d1=P2＾4;
07	sbit d2=P2＾5;
08	sbit x1=P2＾6;
09	sbit x2=P2＾7;
10	
11	sbit k1=P1＾0;
12	sbit k2=P1＾1;
13	sbit k3=P1＾2;
14	sbit k4=P1＾3;
15	sbit k5=P1＾4;
16	sbit k6=P1＾5;
17	sbit k7=P1＾6;
18	sbit k8=P1＾7;
19	
20	sbit zk1=P2＾0;
21	sbit zk2=P2＾1;
22	
23	sbit buz=P2＾2;
24	
25	unsigned char d_num,cnt;
26	uchar x_flag;
27	
28	void jianpan();
29	
30	void init(void)
31	{
32	TMOD=0X01;
33	TL0=0XB0;
34	TH0=0X3C;
35	//　TR0=1;
36	ET0=1;
37	EA=1;
38	d_num=max;
39	}
40	
41	void delay(uint xms)
42	{

序号	程序
43	uint x,y;
44	for(x=xms;x>0;x——)
45	for(y=110;y>0;y——);
46	}
47	
48	void display()
49	{
50	d1=0; //位选端;
51	P0=tab[d_num/10];//显示倒计时
52	delay(5);
53	d1=1;
54	
55	d2=0;
56	P0=tab[d_num%10];
57	delay(5);
58	d2=1;
59	
60	x1=0;//位选端
61	P0=tab[x_flag/10];//显示选手号
62	delay(5);
63	x1=1;
64	
65	x2=0;
66	P0=tab[x_flag%10];
67	delay(5);
68	x2=1;
69	}
70	
71	void main()
72	{ init();
73	while(1)
74	{
75	jianpan();
76	display();
77	}
78	}
79	
80	void timer0(void) interrupt 1
81	{
82	TL0=0XB0; //重装初值
83	TH0=0X3C;
84	cnt++;
85	if(cnt==20)//1s时间到
86	{
87	cnt=0;//计数清零
88	d_num——;
89	if(d_num==0)
90	{
91	d_num=max;

续表

序号	程序
92	TR0＝0；//关闭所有操作
93	}
94	buz＝0；
95	delay(20)；
96	buz＝1；
97	}
98	}
99	void jianpan()
100	{
101	if(zk1==0&&x_flag==0)
102	{
103	delay(5)；
104	x_flag＝0；
105	TR0＝1；
106	}
107	if(zk2==0&&TR0==0)
108	{
109	delay(5)；
110	if(zk2==0&&TR0==0)
111	{
112	if(x_flag==0)
113	{
114	d_num－－；　　　　　　　//设置倒计时
115	buz＝0；
116	delay(20)；
117	buz＝1；　}
118	if(d_num==5)
119	d_num＝max；
120	
121	if(x_flag！＝0)//选手显示清零
122	{
123	x_flag＝0；
124	d_num＝max；
125	TR0＝0；
126	buz＝0；
127	delay(20)；
128	buz＝1；
129	}
130	while(！zk2)
131	display()；
132	}
133	}
134	
135	if(k1==0&&TR0==1)
136	{
137	delay(5)；
138	if(k1==0&&TR0==1)
139	{
140	x_flag＝1；

序号	程序
141	TR0=0;
142	}
143	}
144	if(k2==0&&TR0==1)
145	{
146	delay(5);
147	if(k2==0&&TR0==1)
148	{x_flag=2;TR0=0;}
149	}
150	if(k3==0&&TR0==1)
151	{
152	delay(5);
153	if(k3==0&&TR0==1)
154	{x_flag=3;TR0=0;}
155	while(! k3)
156	display();
157	}
158	if(k4==0&&TR0==1)
159	{
160	delay(5);
161	if(k4==0&&TR0==1)
162	{x_flag=4;TR0=0;}
163	}
164	if(k5==0&&TR0==1)
165	{
166	delay(5);
167	if(k5==0&&TR0==1)
168	{x_flag=5;TR0=0;}
169	}
170	if(k6==0&&TR0==1)
171	{
172	delay(5);
173	if(k6==0&&TR0==1)
174	{x_flag=6;TR0=0;}
175	}
176	if(k7==0&&TR0==1)
177	{
178	delay(5);
179	if(k7==0&&TR0==1)
180	{x_flag=7;TR0=0;}
181	}
182	if(k8==0&&TR0==1)
183	{
184	delay(5);
185	if(k8==0&&TR0==1)
186	{x_flag=8;TR0=0;}
187	}
188	}

程序说明：

① 11～18 行：定义 8 个选手的抢答按键。

② 31～40 行：定义定时/计数器 0 的初始化函数。

③ 42～47 行：定义延时子函数。

④ 49～70 行：数码管显示程序。

⑤ 81～98 行：定时器中断实现 20s 倒计时。

⑥ 100～188 行：按键扫描子函数，判断哪个按键被按下。

三、创建程序文件并生成 .hex 文件

打开 MedWin，新建任务文件，创建程序文件，输入上述程序，然后按工具栏上的"产生代码并装入"按钮（或按 CTRL＋F8），此时将在屏幕的构建窗口中看到图 3-18 所示的信息，它代表编译没有错误，也没有警告信息。

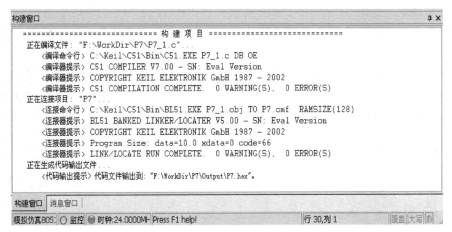

图 3-18　编译过程信息提示

四、运行程序观察结果

在 Proteus 中打开项目 3 任务 3 设计电路"proj8.dsn"，把已编译所生成的 .hex 文件下载到单片机中，同时观察结果。

如果有实物板可把程序下载到实物板上再运行、调试。也可以根据图 3-8 提供的原理图与表 3-10 的器件清单在万能板上搭出电路后再把已编译所生成的 .hex 文件下载到单片机中，然后再调试运行。

【知识链接】

一、键盘的工作原理

键盘在单片机应用中作为输入设备，分为编码键盘和非编码键盘。键盘上闭合键的识别由专用的硬件编码器实现，并产生键编码号或键值的称为编码键盘，如计算机键盘。而靠软件编程来识别的称为非编码键盘。

在单片机组成的各种系统中，用得最多的是非编码键盘。非编码键盘又分为：独立式键盘和行列式（又称为矩阵式）键盘。

在单片机系统中通常使用机械触点式按键开关，其主要功能是把机械上的通断转换成电气上的逻辑关系。也就是说，它能提供标准的 TTL 逻辑电平，以便与通用数字系统的逻辑电平相容。

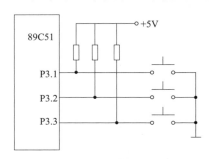

图 3-19　独立式按键电路

独立式键盘的接口电路如图 3-19 所示。当检测按键时键盘作为输入，每一个按键对应一根 I/O 线，各键是相互独立的。

独立式按键的电路配置灵活，软件结构简单，但每个按键必须占用一根 I/O 端口线，因此在按键较多时，I/O 端口线浪费较大，不宜采用。

【温馨提示】

图中按键输入均采用低电平有效。上拉电阻保证了按键断开时，I/O 端口线有确定的高电平。如果 I/O 端口线内部有上拉电阻时，外电路可不接上拉电阻。

应用时，由软件来识别键盘上的键是否被按下。当某个键被按下时，该键所对应的端口线将由高电平变为低电平。即若单片机检测到某端口线为低电平，则可判断出该端口线所对应的按键被按下。

二、独立式按键的应用

在项目 3 任务 3 的程序中，要求当第一次按下 k1 键时，定时器开始定时；当第二次按下 k1 键时，定时器暂停定时。该按键扫描子函数如下。

```
if(k1==0&&TR0==1)
    {
        delay(5);
        if(k1==0&&TR0==1)
        {
          x_flag=1;
            TR0=0;
        }
    }
```

从独立按键的识别可知，要确定哪个按键被按下，只要读取与该按键相连的单片机端口线的状态即可。若读回的状态为 1，则按键未被按下；若读回的状态为 0，则可以确定该端口线上的按键被按下了。

那么是否可以简单地认为写如下程序就可以达到按下 k1 键就启动定时器开始定时的目的呢？

```
if(k1==0&&TR0==1)
        {
```

        x_flag=1;
            TR0=0;
                }

实践证明，这样写不可以。为什么？这是因为机械式按键在按下或释放时，由于机械弹性作用的影响，通常伴随有一定时间的触点机械抖动，然后其触点才稳定下来，抖动时间一般为 5～10ms，如图 3-20 所示。

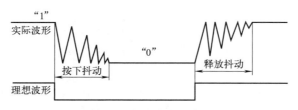

图 3-20　按键触点的抖动

从图中可看出，理想波形与实际波形之间是有区别的，实际波形在按下和释放的瞬间都有抖动现象，这是由按键的机械触点造成的，抖动时间的长短和按键的机械特性有关，一般为 5～10ms。这种抖动对于人来说是感觉不到的，但对于单片机而言，这 5～10ms 的抖动时间已是一个"漫长"的时间了。虽然只按了一次键，但单片机却检测到按了多次键，因而容易产生非预期的结果。为使单片机能够正确地判断按键是否按下，就必须考虑消除抖动。

实现方法：可以使用硬件和软件的方法。硬件去抖如图 3-21 所示。图中两个与非门构成了 RS 触发器。当按键未按下时，输出为 1；当按键按下时，输出为 0。实际上 RS 触发器起到了双稳态电路的作用。经过双稳态电路后，其输出就变成了正规的矩形波。

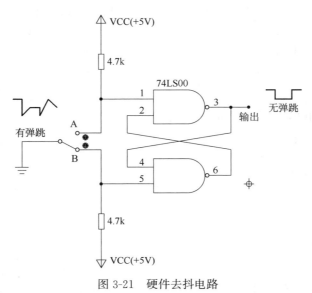

图 3-21　硬件去抖电路

硬件去抖动的方法常使用在按键数量不多的场合。在单片机应用系统中，当按键较多时，常用的方法是软件延时。当单片机第一次检测到某口线为低电平时，不是立即认定其对应的按键被按下，而是延时 10ms 后再次检测该口线电平。如果仍为低电平，说明该按键确实被按下，通过延时避开了按下时的前沿抖动时间，然后再执行相应任务。实践证明，编写单片机的键盘检测程序时，一般在检测按键按下时需加入去抖动延时，而检测松手时就不必了。

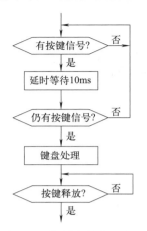

图 3-22　按键去抖处理流程

关于松手的检测，在程序中使用了这样一条语句：

　　　　while(k1==0);

它的意思是如果按键没有被释放，单片机读该按键对应的端口线的值为低电平，则 while 语句中表达式的值恒为真，该语句相当于 while(1);，也就是原地等待。只有按键确实被松开了，单片机读该按键对应的端口线的值就为高电平，则 while 语句中表达式的值为假，该语句相当于 while(0);，也就退出死循环，继续执行该语句下面的语句了。

以上按键去抖的处理可以用图 3-22 所示的流程图来表示。

【小课堂】

对按键抖动在实际应用电路中产生的影响进行分析，对于精密控制的电路和容易产生安全隐患的电路，必须进行按键消抖。教育学生做事之前尽可能消除不确定性以及干扰因素，培养良好的做事习惯，还要根据事情的紧急程度进行优先级排序，提高办事效率。

三、一键多能的使用

日常生活中使用的电器，如电风扇、洗衣机等，它们的操作面板可能很简洁，只有很少的按键，但是功能却很复杂。按下某个键既可以设定时间，又可以设定工作方式等，这是因为这些按键具有一键多能的作用。多路选择的程序可以通过 if 语句的形式实现，但随着判断条件的增多，写出来的程序可读性也差，这时可以使用 switch 语句来编写按键扫描的程序，用 switch 语句设计的多路选择程序，不但方便而且可读性也好。

开关语句 switch 的一般形式如下：

　　　　switch(表达式)
　　　　　{case　　常量表达式 1:语句 1
　　　　　 case　　常量表达式 2:语句 2
　　　　　　　　　　⋮
　　　　　 case　　常量表达式 n:语句 n
　　　　　 default　　　　:语句 n+1
　　　　　}

编写程序，当第一次按下 K1 键时，LED1 亮；第二次按下 K1 键时，LED2 亮；第三次按下 K1 键时，LED3 亮；第四次按下 K1 键时，LED4 亮；第五次按下 K1 键时，返回到 LED1 亮，以此类推。

1. 程序的编写

一键多能的程序编写如表 3-12 所示。

表 3-12　一键多能的程序

行号	程序	
01	/＊ proj8. c ＊/	
02	＃include ＜REG52. H＞	//52 单片机头文件
03	＃define uchar unsigned char	//宏定义
04	＃define uint unsigned int	//宏定义
05	sbit k1＝P3＾0;	//定义按键 k1
06	uchar num,index＝0;	//定义变量数据类型
07	void delay(uint x)	//定义延时子函数
08	void keyscan()	//定义独立按键扫描子函数
09	{	
10	if(k1＝＝0)	//若按键 k1 按下
11	delay(10);	//延时去抖动
12	if(k1＝＝0)	//若按键 k1 仍被按下
13	while(k1＝＝0);	//等待按键 k1 松开
14	num＝num＋1;	//按键被按下计数值加 1
15	if(num＝＝5)	//若按键 k1 按下 5 次
16	num＝1;	//返回第一次按下状态
17	}	
18	switch(num)	//多状态判断
19	case 1:P1＝0xfe;break;	//若按下一次
20	case 2:P1＝0xfd;break;	//若按下二次
21	case 3:P1＝0xfb;break;	//若按下三次
22	case 4:P1＝0xf7;break;	//若按下四次
23	default:break;	//返回
24	}	
25	}	
26	void main()	//定义主函数
27	{	
28	while(1)	
29	{	
30	keyscan();	//调用按键扫描子函数
31	}	
32	}	

2. 程序说明

① 10 行：判断按键是否被按下。

② 11 行：延时，消除抖动。

③ 12 行：再次判断按键是否被按下。

④ 13 行：松手检测。

⑤ 14 行：若按键确实被按下了，则按键次数加 1。

⑥ 15～16 行：若当前按键次数为 5，则重新赋按键次数值为 1。

⑦ 18 行：switch 语句，根据其后的按键次数值进行选择。

⑧ 19 行：若当前按键次数值为 1，则 LED1 亮。

⑨ 20 行：若当前按键次数值为 2，则 LED2 亮。

⑩ 21 行：若当前按键次数值为 3，则 LED3 亮。

⑪ 22 行：若当前按键次数值为 4，则 LED4 亮。

⑫ 23 行：当 swtich 后面的表达式的值与 case 中的值一个都不能匹配时，则跳出 switch 语句。

3. 程序运行图

程序运行效果如图 3-23 所示。

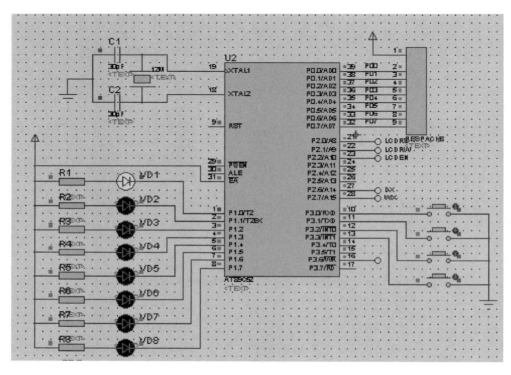

图 3-23　程序运行图

从以上程序可以看出，使用一键多能的方法来编写按键扫描程序，可以使硬件电路变得简单，节省了按键以及单片机 I/O 的使用。

【试一试，想一想】

学习完 switch 语句后，你能否将该任务中抢答器多路选择程序改写成用 switch 语句实现呢？

📁【任务考核与评价】

评价任务	评价内容	分值	自我评价	小组评价	教师评价	得分
技能目标	①会编写按键扫描函数 ②会编写简易抢答器程序	30 10				
知识目标	①能领会按键去抖的方法 ②能掌握独立式按键与单片机的接口技术	10 20				

续表

评价任务	评价内容	分值	自我评价	小组评价	教师评价	得分
情感态度	①出勤情况	5				
	②纪律表现	5				
	③实操情况	10				
	④团队意识	10				
总分		100				

【巩固复习】

一、填空题

（1）在单片机组成的各种系统中，用得最多的是非编码键盘。非编码键盘又分为：（　　）键盘和（　　）键盘。

（2）switch/case 语句中，switch 语句后面跟的是（　　），而 case 语句后面跟的是（　　）。

（3）在程序中，若要使单片机停机，可以使用语句（　　）来实现。

二、选择题

（1）按键开关的结构通常是机械弹性元件，在按键按下和断开时，触点在闭合和断开瞬间会产生接触不稳定，为消除抖动引起的不良后果常采用的方法有（　　）。

A. 硬件去抖动　　　　　　　　B. 软件去抖动

C. 硬、软件两种方法　　　　　D. 单稳态电路去抖方法

（2）在程序中判断独立按键是否被按下时，通常的方法是将按键状态读入单片机。当读入状态为（　　）时，则认为按键被按下了。

A. 低电平　　　　　　　　　　B. 高电平

C. 任意电平　　　　　　　　　D. 以上都不可以

【实战提高】

以图 3-17 设计电路为依据（可直接在项目 3 任务 3 所在目录下打开设计电路文件"proj8_1. DSN"），要求每按一次按键，在数码管上显示出按键的次数。

项目4

全自动洗衣机控制系统设计与制作

【项目情境描述】

单片机的应用领域非常广泛，渗透到我们生活的方方面面，如图 4-1 所示。比如家电设备：电饭煲、洗衣机、电冰箱、空调机、彩电，以及音频设备等；医用设备：医用呼吸机，各种分析仪、监护仪、超声波诊断设备以及病床呼叫系统等；工业控制：用单片机可以构成形式多样的控制系统、数据采集系统；计算机网络和通信领域：现代的单片机普遍具备通信接口，可以方便地与计算机进行数据通信，为在计算机网络和通信设备间的应用提供了极好的物质条件，现在的通信设备基本上实现了单片机的智能控制，从小型程控交换机、楼宇自动通信呼叫系统、列车无线通信，再到日常工作中随处可见的移动电话、集群移动通信、无线对讲机等。

图 4-1　单片机的应用

生活中自动洗衣机如何工作大家应该比较熟悉，接下来我们来设计自动洗衣机控制电路，模拟自动洗衣机的工作状态。

任务 1　用矩阵式键盘显示键值

【任务导入】

编写程序，在字符液晶上显示矩阵键盘输入值。

【任务目标】

知识目标

（1）了解字符型液晶显示、接口及用途。

（2）能读懂液晶操作时序图。

（3）理解行列式键盘的扫描程序方法。

（4）掌握液晶设置方法。

技能目标

（1）能编写液晶初始化函数。

（2）能编写矩阵键盘扫描程序。

（3）会编写 1602 字符型液晶显示程序。

素养目标

（1）文明、规范操作，培养良好的职业道德与习惯。

（2）培养认真细致的工作态度。

【任务组织形式】

采取以小组为单位的形式互助学习，有条件的每人一台电脑，条件有限的可以两人合用一台电脑。用仿真实现所需的功能后，如果有实物板（或自制硬件电路），可把程序下载到实物板上再运行、调试，学习过程中鼓励小组成员积极参与讨论。

【任务实施】

一、创建硬件电路

实现矩阵式键盘显示键值的电路原理图，如图 4-2 所示。系统对应的元器件清单，如表 4-1 所示。

表 4-1　矩阵式键盘显示键值

元器件名称	参数	数量	元器件名称	参数	数量
单片机	89C52	1	电阻	1kΩ	1
IC 插座	DIP40	1	电阻	200Ω	1
晶体振荡器	12MHz	1	瓷片电容	33pF	2
排阻	10kΩ	1	电解电容	22μF	1
16×2 字符液晶	1602	1	4×4 键盘		16

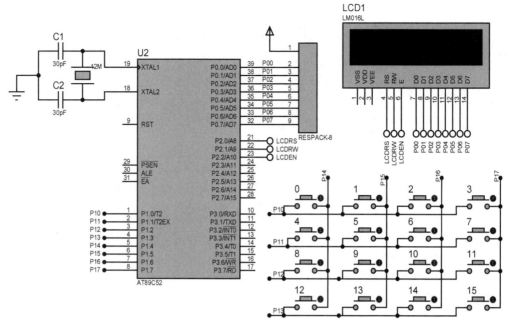

图 4-2　矩阵式键盘显示键值电路原理图

电路说明：

① 52 单片机采用＋5V 电源供电。

② 52 单片机通过晶体振荡器、电解电容等组成最小系统。

③ 显示部分采用 16×2 字符型液晶显示器。

④ 按键部分采用 4×4 键盘输入。

二、程序编写

矩阵键盘显示键值的程序编写如表 4-2 所示。

表 4-2　矩阵键盘显示键值的程序

行号	程序	
01	＃include＜reg52.h＞	
02	＃define uchar unsigned char	
03	＃define uint unsigned int	
04	＃define key_port P1	//宏定义
05	sbit RS＝P2＾0;	//定义液晶控制端口
06	sbit RW＝P2＾1;	
07	sbit EN＝P2＾2;	
08	uchar num;	
09		
10		
11	uchar code table[]＝"ENTER THE BUTTON";	//定义显示字符串数组
12	uchar code jp[4][4]＝{0,1,2,3,	//定义键盘显示代码
13	4,5,6,7,	//与 4×4 矩阵键盘相对应

行号	程序
14	8,9,10,11,
15	12,13,14,15
16	};
17	void delay(uint z)　　　　　　　　//延时子程序
18	{
19	uint x,y;
20	for(x=z;x>0;x——)
21	for(y=120;y>0;y——);
22	}
23	
24	void write_cmd(uchar cmd)　　　　//1602 液晶写指令子函数
25	{
26	RW=0;
27	RS=0;
28	EN=0;
29	P0=cmd;
30	delay(5);
31	EN=1;
32	delay(5);
33	EN=0;
34	}
35	
36	void write_dat(uchar dat)　　　　//1602 液晶写数据子函数
37	{
38	RW=0;
39	RS=1;
40	EN=0;
41	P0=dat;
42	delay(5);
43	EN=1;
44	delay(5);
45	EN=0;
46	}
47	
48	void init()
49	{　　　　　　　　　　　　　　　//定义 1602 液晶初始化程序
50	EN=0;
51	write_cmd(0x38);　　　　　　//16×2 显示,5×7 点阵,8 位数据
52	write_cmd(0x0c);　　　　　　//开显示,光标不显示,光标不闪烁
53	write_cmd(0x06);　　　　　　//地址指针加 1,不移动
54	write_cmd(0x01);　　　　　　//清屏
55	write_cmd(0x80);

行号	程序
56	}
57	uchar getkey() //4×4键盘扫描程序
58	{
59	uchar han,lie,pos;
60	key_port=0xff;
61	pos=0x01; //每次从第一行开始扫描
62	for(han=0;han<4;han++)
63	{
64	key_port=~pos; //逐行扫描,待扫描行输出"0",其他输出"1"
65	if(~key_port&0xf0) //本行有键按下?
66	{
67	delay(100); //去抖动
68	if(~key_port&0xf0) //再次判断本行有键按下?
69	{
70	//确实有键按下,识别本行的哪一列按下
71	switch(~key_port&0xf0)
72	{
73	case 0x10:lie=0;break;
74	case 0x20:lie=1;break;
75	case 0x40:lie=2;break;
76	case 0x80:lie=3;break;
77	}
78	while(~key_port&0xf0); //等待键释放
79	return(jp[han][lie]); //返回按键行列所对应的键值
80	}
81	}
82	pos=pos<<1; //没键按下继续为下一行扫描做准备
83	}
84	return(0xff); //4行都没键按下则返回0XFF作为无键按下标志
85	}
86	//初始化显示缓冲区
87	void main()
88	{
89	init(); //液晶初始化
90	{
91	for(num=0;num<16;num++) //1602液晶显示字符
92	{ write_dat(table[num]);
93	delay(2);
94	}
95	}
96	write_cmd(0xc0); //1602液晶显示光标下移一行
97	while(1)
98	{num=getkey(); //获取键盘值
99	if(num!=0xff){
100	write_cmd(0xc0); //把按键数字转换为字符后显示
101	write_dat(0x30+ num/10); //显示十位
102	write_dat(0x30+ num%10); //显示个位
103	}
104	}
105	}

三、创建程序文件并生成 .hex 文件

打开 MedWin，新建项目文件，创建程序文件"program7. c"，输入上述程序，然后按工具栏上的"产生代码并装入"按钮（或按 CTRL＋F8），此时将在屏幕的构建窗口中看到图 4-3 所示的信息，它代表编译没有错误，也没有警告信息，且在对应任务文件夹的 Output 子目录中已生成目标文件"program7. hex"。

图 4-3　编译过程信息提示

四、运行程序观察结果

如果有实物板可把程序下载到实物板上再运行、调试。也可以根据图 4-2 与表 4-1 提供的原理图与器件清单在万能板上搭出电路后再把已编译所生成的 .hex 文件下载到单片机中，然后再调试运行。如果没有实物电路板，也可以用 Proteus ISIS 仿真运行，如图 4-4 所示。

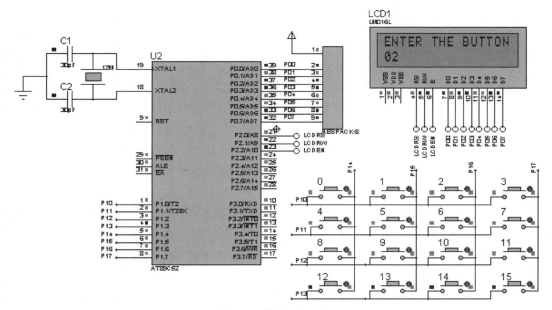

图 4-4　仿真运行画面

【知识链接】

一、字符型液晶显示和接口

1. LCD 液晶显示器

液晶是一种高分子材料，因为其特殊的物理、化学、光学特性，具有微功耗、体积小、显示内容丰富、超薄轻巧等特点，目前广泛应用在轻薄型显示器上。

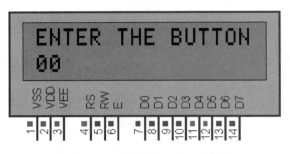

图4-5　1602LCD 液晶显示外形图

各种型号的液晶通常是按照显示字符的行数或液晶点阵的行、列数来命名的。比如，1602 的意思是每行显示 16 个字符，共有 2 行显示。1602 液晶属于字符型液晶，即只能显示 ASCII 码字符，如数字、大小写字母、各种符号等。其他类型的液晶，如 12232 属于图形型液晶，它是由 122 列、32 行组成的，即共有 122×32 个点来显示各种图形，可以通过程序控制这 122×32 个点中的任一个点显示或不显示。

下面以 LCD1602 液晶显示为例，其外形如图 4-5 所示。

2. LCD 液晶显示器的引脚和主要技术参数

（1）引脚说明

LCD 液晶显示器的引脚说明如表 4-3 所示。

表 4-3　LCD 液晶显示器的引脚说明

编号	符号	引脚说明	编号	符号	引脚说明
1	VSS	电源地	9	D2	并行数据端口
2	VDD	电源正极	10	D3	并行数据端口
3	VO	对比度调节	11	D4	并行数据端口
4	RS	数据/命令选择	12	D5	并行数据端口
5	RW	读/写选择	13	D6	并行数据端口
6	EN	使能信号	14	D7	并行数据端口
7	D0	并行数据端口	15	BLA	背光电源正极
8	D1	并行数据端口	16	BLK	背光电源负极

【温馨提示】

需要重点关注以下几个管脚。

① 3 脚：VO，液晶显示偏压信号，用于调整 LCD1602 的显示对比度，一般会外接电位器用以调整偏压信号，注意此脚电压为 0 时可以得到最强的对比度。

② 4 脚：RS，数据/命令选择端，当此脚为高电平时，可以对 1602 进行数据字节的传输操作，而为低电平时，则是进行命令字节的传输操作。命令字节，即是用来对 LCD1602 的一些工作方式作设置的字节；数据字节，即是用在 1602 上显示字符的字节。

③ 5 脚：RW，读写选择端。当此脚为高电平时可对 LCD1602 进行读数据操作，

反之进行写数据操作。

④ 6 脚：EN，使能信号，其实是 LCD1602 的数据控制时钟信号，可利用该信号的上升沿实现对 LCD1602 的数据传输。

⑤ 7～14 脚：8 位并行数据口，使得对 LCD1602 的数据读写大为方便。

（2）主要技术参数

1602 的主要技术参数如表 4-4 所示。

表 4-4　主要技术参数

参数	数值	参数	数值
显示容量	16×2 个字符	工作电流	2.0mA
芯片工作电压	4.5～5.5V	字符尺寸	2.95×4.35($W×H$)mm

二、字符型液晶的应用

1. 1602LCD 液晶显示器的操作时序

单片机对 1602 进行操作时，必须严格按照液晶的操作时序来进行。与操作时序相关的引脚主要是 RS、RW 和 EN。对液晶的操作主要是读写操作。如表 4-5 所示。

表 4-5　操作时序

RS	RW	EN	操作说明	输出
L	H	H	读状态	D0～D7=状态字
H	H	H	读数据	无
L	L	高脉冲	写指令	D0～D7=数据
H	L	高脉冲	写数据	无

【温馨提示】

原则上每次对液晶显示器进行读写操作之前都必须进行读"忙"状态检测，确保液晶控制器处于空闲状态。实际上，由于单片机的操作速度慢于液晶控制器的反应速度，因此可以不进行读"忙"状态检测，或只进行简短延时即可。

图 4-6 描述了对液晶进行写操作的详细时序图。它是编写液晶程序的依据。

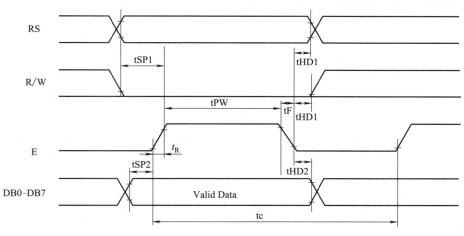

图 4-6　编写操作时序图

从图中可以看出，在写操作时，先设置 RS 和 RW 状态，再设置数据，然后产生使能信号 EN 的高脉冲，最后复位 RS 和 RW 状态。

2. RAM 地址映射图及数据指针

（1）RAM 地址映射图

液晶控制器内部带有 80B 的 RAM 缓冲区，对应关系如表 4-6 所示。

表 4-6　1602 内部 RAM 地址映射图

00	01	02	03	04	05	06	07	08	09	0A	0B	0C	0D	0E	0F	10	…	27
40	41	42	43	44	45	46	47	48	49	4A	4B	4C	4D	4E	4F	50	…	67

当向图中的 00~0F、40~4F 地址中的任一处写入显示数据时，液晶都可以立即显示出来，当写入到 10~27 或 50~67 地址处时，必须通过移屏指令将它们移入可显示区域方可正常显示。

（2）数据指针的设置

液晶控制器内部设有一个数据地址指针，用户可以通过它们访问内部的全部 80B 的 RAM，如表 4-7 所示。

表 4-7　数据指针的设置

指令码	功能
80H＋地址码（0~27H,40~67H）	设置数据地址指针

（3）功能设置

液晶控制器的功能设置如表 4-8 所示。

表 4-8　液晶控制器功能设置

指令	RS	RW	D7	D6	D5	D4	D3	D2	D1	D0
清显示	0	0	0	0	0	0	0	0	0	1
光标返回	0	0	0	0	0	0	0	0	1	*
置输入模式	0	0	0	0	0	0	0	1	I/D	S
显示开/关控制	0	0	0	0	0	0	1	D	C	B
光标或字符移位	0	0	0	0	0	1	S/C	R/L	*	*
设置功能	0	0	0	0	1	DL	N	F	*	*

【温馨提示】

① 指令 1：清显示，指令码 01H。光标复位到地址 00H 位置。

② 指令 2：光标复位，指令码 02H（或 03H）。光标返回到地址 00H 位置。

③ 指令 3：光标和显示模式设置。I/D：光标移动方向；高电平右移，低电平左移。S：屏幕上所有文字是否左移或右移；高电平表示有效，低电平则无效。

④ 指令 4：显示开关控制。D：控制整体显示的开与关；高电平表示开显示，低电平表示关显示。C：控制光标的开与关；高电平表示有光标，低电平表示无光标。B：控制光标是否闪烁；高电平表示光标闪烁，低电平表示光标不闪烁。

⑤ 指令 5：光标或显示移位。S/C：高电平时移动显示的文字，低电平时移动光标。R/L：左移或右移；高电平时整屏左移，低电平时整屏右移。

⑥ 指令 6：功能设置命令。DL：低电平时为 4 位总线，高电平为 8 位总线；N：低

电平时为单行显示，高电平时为双行显示；F：低电平时显示 5×7 的点阵字符，高电平时显示 5×10 的点阵字符。

三、行列式键盘

行列式键盘又叫矩阵式键盘，用 I/O 口线组成行、列结构，按键设置在行与列的交点上。图 4-7 所示为一个由四条行线与四条列线组成的 4×4 行列式键盘，16 个键盘只用了 8 根 I/O 口线。由此可见，在按键配置数量较多时，采用这种方法可以节省 I/O 口线。

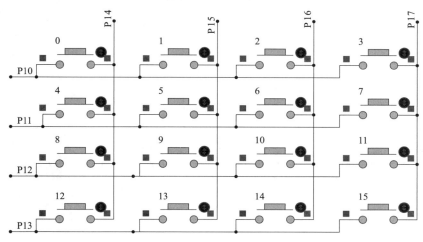

图 4-7　4×4 扫描式键盘结构示意图

行列式键盘必须由软件来判断按下键盘的键值，其判别方法如下。

如图 4-7 所示，首先由 CPU 从 P1 口低 4 位输出全为 0 的数据，也就是说，P1.0～P1.3 全部为低电平，这时如果没有键按下，则 P1.4～P1.7 全部处于高电平。所以当 CPU 去读 P1 口时，P1.4～P1.7 全为 1 表明这时无键按下。

现在假设第 2 行第 4 列键（即按键 7）是按下的。由于该键被按下，第 4 根列线与第 2 根行线导通，原先处于高电平的第 4 根列线被第 2 根行线拉到低电平。所以这时 CPU 读 P1 口时 P1.7=0；从硬件图中可以看到，只要是第 4 列键按下，CPU 读 P1.7 口时始终为 0。其 P1 口的读得值为 0111XXXXB，这就是第 4 列键按下的特征。如果此时读得 P3 口值为 1101XXXXB，显然可以断定是第 2 列键被按下。

为了识别到底是哪一行的键被按下，可以用行扫描的方法。即首先使 P1 口输出仅 P1.0 为 0、其余位都是 1，然后去读 P1 口的值，如读得 P1.4～P1.7 为全 1 就表明本行没键按下；接着使 P1.1 为 0、其余位都是 1，再读 P1 口，若仍为全 1，也表明本行没有按键按下；以此类推，直到移到 P1.3 为 0 为止。这种操作方式，就好像 P1 口为 0 的这根线，从最低位开始逐位移动（称作扫描），直到 P1.3 为 0 为止。很明显，对于上例中的第 2 行第 4 列键按下，必然有：在 P1 口输出为 11111101B 时，P1.4～P1.7 不全为 1，而是 0111XXXXB。此时的行和列交叉处的按键"7"即为要找的键值。

综上所述，行-列式键盘的扫描键值可归结为两大步骤：
① 判断有无键按下；
② 判断按下键的行、列号，并求出键值。
其处理的基本过程如图 4-8 所示。

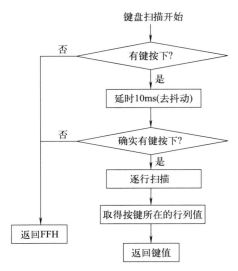

图 4-8　键扫描及识别流程图

项目 4 任务 1 的程序定义了液晶写指令子函数 write_cmd 如下所示。

```
void write_cmd(uchar cmd)
{
    RW=0；
    RS=0；
    EN=0；
    P0=cmd；
    delay(5)；
    EN=1；
    delay(5)；
    EN=0；
}
```

程序解释：

① 定义液晶写指令子函数，该子函数带有无符号字符型的形参 cmd。

② 读/写选择为 0，即设置为写操作模式。

③ 数据/命令选择为 0，即进行写入指令的操作。

④ 将要写的指令字送到数据总线上。

⑤ 产生使能信号 EN 的高脉冲。

项目 4 任务 1 的程序定义的液晶写数据子函数 write_dat 如下所示。

```
void write_dat(uchar dat)
{
    RW=0；
    RS=1；
    EN=0；
    P0=dat；
    delay(5)；
    EN=1；
    delay(5)；
    EN=0；
}
```

程序解释：

① 定义液晶写数据子函数，该子函数带有无符号字符型的形参 dat。

② 读/写选择为 0，即设置为写操作模式。

③ 数据/命令选择为 1，即进行写入数据的操作。

④ 将要写的数据字送到数据总线上。

⑤ 产生使能信号 EN 的高脉冲。

项目 4 任务 1 的程序定义的液晶初始化子函数 init_1602 如下所示。

```
void init_1602()
{
    EN=0;
    write_cmd(0x38);
    write_cmd(0x0c);
    write_cmd(0x06);
    write_cmd(0x01);
    write_cmd(0x80);
}
```

程序解释：

① 设置为 8 位数据总线，双行显示，5×7 的点阵字符。

② 设置开显示，不显示光标。

③ 写一个字符后地址指针加 1。

④ 显示清零，数据指针清零。

⑤ 设置数据指针初始值为 80H。

项目 4 任务 1 的程序定义的键盘扫描函数 getkey() 如下所示。

```
uchar getkey()
{
    uchar han,lie,pos;
    key_port=0xff;
    pos=0x01; //每次从第一行开始扫描
    for(han=0;han<4;han++)
    {
    key_port=~pos;   //逐行扫描,待扫描行输出"0",其他输出"1"
        if(~key_port&0xf0) //本行有键按下?
        {
            delay(100);    //去抖动
        if(~key_port&0xf0)//再次判断本行有键按下?
        {    //确实有键按下,识别本行的哪一列按下
                switch(~key_port&0xf0)
                {
                    case 0x10:lie=0;break;
                    case 0x20:lie=1;break;
```

```
                case 0x40:lie=2;break;
                case 0x80:lie=3;break;
            }
        while(~key_port&0xf0);//等待键释放
        return(jp[han][lie]);//返回按键行列所对应的键值
        }
    }
        pos=pos<<1;//没键按下继续为下一行扫描做准备
    }
    return(0xff);//4 行都没键按下则返回 0XFF 作为无键按下标志
}  //初始化显示缓冲区
```

程序解释：

① 设置每次从第一行开始扫描。

② 设置行扫描次数，扫描 4 次。

③ 判断是否有键按下。

④ 去抖动。

⑤ 再次判断是否有键按下，并获取按键行列位置。

⑥ 卡键盘。

⑦ 返回按键行列所对应的键值。

⑧ 没有按键按下则返回 0XFF 作为无键按下标志。

项目 4 任务 1 的程序定义的主函数 main 如下所示。

```
void main()
{
    init_1602();
    {
    for(num=0;num<16;num++)
        {
            write_dat(table[num]);
            delay(2);
        }
    }   write_cmd(0xc0);
    while(1){
    num=getkey();
    if(num! =0xff){
    write_cmd(0xc0);
    write_dat(0x30+ num/10);
        write_dat(0x30+ num%10);
        }
    }
}
```

程序解释：

① 要显示的字符串有 16 个字符，因此使用 for 循环语句将字符逐个写入液晶控制器的 RAM 中。即第一个字符放在 80H，第二个字符放在 81H，以此类推。写入一个字

符就进行短暂的延时，防止控制器处于"忙"状态而出现错误。

② 通过键盘程序获得按键值，显示在液晶上第二行，设置显示行指针（write_cmd（0xc0），显示数字要转换为 ASCII 码后显示 write_dar（0x30＋num/10））。

【小课堂】

爱国情怀：通过学习行列式键盘的设计和应用，可以了解到我国在科技领域的进步和发展，从而增强学生的民族自豪感和爱国情怀。

职业道德：在单片机行列式键盘的设计和应用中，需要遵循一定的职业道德和规范，如保证产品的质量和安全性、尊重他人的知识产权等。通过学习这些规范和标准，可以培养学生的职业道德和职业素养。

团队协作：行列式键盘的设计和应用往往需要多人协作完成，每个人在其中扮演不同的角色和职责。通过团队协作，可以培养学生的沟通能力和团队合作精神，从而更好地适应未来的职场环境。

创新意识：单片机行列式键盘的设计和应用需要具备一定的创新意识和创新能力。通过学习和实践，可以培养学生的创新思维和实践能力，从而更好地适应未来的社会发展需求。

责任担当：在学习单片机行列式键盘的设计和应用过程中，需要对自己的工作成果负责，同时也需要对团队成员的工作进行监督和帮助。通过这种责任担当的培养，可以让学生更好地适应未来的职场环境和社会责任。

📁【任务考核与评价】

评价任务	评价内容	分值	自我评价	小组评价	教师评价	得分
技能目标	①会编写液晶初始化函数	10				
	②会编写液晶写指令和写数据函数	15				
	③会编写键盘扫描程序并显示按键值	15				
知识目标	①能读懂液晶操作时序	10				
	②能掌握液晶设置方法	10				
	③理解键盘扫描程序方法	10				
情感态度	①出勤情况	5				
	②纪律表现	5				
	③实操情况	10				
	④团队意识	10				
总分		100				

✏️【巩固复习】

一、填空题

（1）在 1602 液晶控制器中，若需要设置为 4 位总线方式，则应使功能设置命令中的 DL 为（   ）电平。

（2）在 1602 液晶控制器中，若要使显示屏上的光标闪烁，则应使功能设置命令中的 B 为（   ）电平。

（3）在 1602 液晶控制器中，若要使显示屏上的光标移动方向为右移，则应使功能设置命令中的 I/D 为（　　）电平。

（4）switch/case 语句中，switch 语句后面跟的是（　　），而 case 语句后面跟的是（　　）。

二、选择题

（1）在 1602 液晶控制器中，若需要设置为 8 位总线方式，单行显示，显示为 5×10 的点阵字符时，应设置的命令字为（　　）。

A. 38H　　　　　　B. 34H　　　　　　C. 28H　　　　　　D. 36H

（2）在 1602 液晶控制器中，若需要设置为 4 位总线方式，双行显示，显示为 5×7 的点阵字符时，应设置的命令字为（　　）。

A. 38H　　　　　　B. 34H　　　　　　C. 28H　　　　　　D. 36H

（3）按键开关的结构通常是机械弹性元件，在按键按下和断开时，触点在闭合和断开瞬间会产生接触不稳定的现象，为消除抖动引起的不良后果常采用的方法有（　　）。

A. 硬件去抖动　　　　　　　　　B. 软件去抖动

C. 硬、软件两种方法　　　　　　D. 单稳态电路去抖方法

（4）在程序中判断独立按键是否被按下时，通常的方法是将按键状态读入单片机。当读入状态为（　　）时，认为按键被按下了。

A. 低电平　　　　　　　　　　　B. 高电平

C. 任意电平　　　　　　　　　　D. 以上都不可以

任务 2　直流电机 PWM 控制

【任务导入】

设计以单片机为控制核心的直流电机 PWM 调速控制系统，实现对直流电机启动停止、正反转、加速、减速控制。

【任务目标】

知识目标

（1）了解 PWM 电路设计原理图。

（2）理解 PWM 脉冲调制的工作原理。

（3）理解键盘扫描原理。

技能目标

（1）能编写实现定时器初始化程序。

（2）会编写定时器中断函数。

（3）会编写实现直流电机 PWM 控制程序。

素养目标

（1）文明、规范操作，培养良好的职业道德与习惯。

（2）培养认真细致的工作态度和创新精神。

【任务组织形式】

采取以小组为单位的形式互助学习，有条件的每人一台电脑，条件有限的可以两人合用一台电脑。用仿真实现所需的功能后，如果有实物板（或自制硬件电路），可把程序下载到实物板上再运行、调试，学习过程中鼓励小组成员积极参与讨论。

【任务实施】

一、创建硬件电路

实现直流电机的 PWM 控制的电路原理图，如图 4-9 所示。系统对应的元器件清单，如表 4-9 所示。

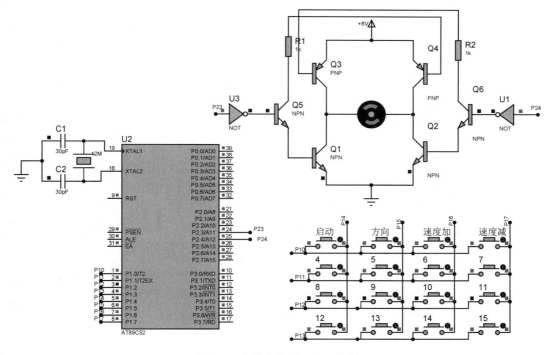

图 4-9　直流电机的 PWM 控制

表 4-9　元器件清单

元器件名称	参数	数量	元器件名称	参数	数量
单片机	89C52	1	电阻	1kΩ	3
IC 插座	DIP40	1	电阻	200Ω	1
晶体振荡器	12MHz	1	瓷片电容	33pF	2
排阻	10kΩ	1	电解电容	22μF	1

元器件名称	参数	数量	元器件名称	参数	数量
16×2 字符液晶	1602	1	4×4 键盘		16
直流电机	—	1	三极管	NPN	4
反相器	—	1	三极管	PNP	2

电路说明：

① 52 单片机采用＋5V 电源供电。

② 52 单片机通过晶体振荡器、电解电容等组成最小系统。

③ 显示部分采用 16×2 字符型液晶显示器。

④ 按键部分采用 4×4 键盘输入。

⑤ 由复合管组成 H 型桥式电路来对直流电机进行控制。

二、程序编写

1. 编写的程序

直流电机的程序编写如表 4-10 所示。

表 4-10　直流电机的程序

行号	程序
01	#include＜reg52. h＞
02	#define uchar unsigned char
03	#define uint unsigned int
04	#define key_port P1
05	sbit P23＝P2＾3;　　　　//定义直流电机控制端口
06	sbit P24＝P2＾4;
07	#define stop{P24＝1;　P23＝1;}　　//宏定义电机停止
08	#define mccw{P24＝1;　P23＝0;}　　//宏定义电机反转
09	#define mcw{P24＝0;　P23＝1;}　　//宏定义电机正转
10	uchar num,cnt,speed＝4;
11	bit dir＝0;
12	uchar code jp[4][4]＝{0,1,2,3,　　//与 4×4 矩阵键盘相对应
13	
14	4,5,6,7,
15	8,9,10,11,
16	12,13,14,15
17	};
18	void delay(uint z)　　　　//延时子函数
19	{
20	uint x,y;
21	for(x＝z;x＞0;x－－)
22	for(y＝120;y＞0;y－－);
23	}
24	uchar getkey()　　　　　　//键盘扫描子函数
25	{
26	uchar han,lie,pos;
27	key_port＝0xff;

行号	程序
28	pos＝0x01；//每次从第一行开始扫描
29	for(han＝0;han＜4;han＋＋)
30	{
31	key_port＝～pos；　//逐行扫描,待扫描行输出"0",其他输出"1"
32	if(～key_port&0xf0)//本行有键按下?
33	{
34	delay(100)；　　//去抖动
35	if(～key_port&0xf0)//再次判断本行有键按下?
36	{
37	//确实有键按下,识别本行的哪一列按下
38	switch(～key_port&0xf0)
39	{
40	case 0x10:lie＝0;break;
41	case 0x20:lie＝1;break;
42	case 0x40:lie＝2;break;
43	case 0x80:lie＝3;break;
44	}
45	while(～key_port&0xf0)；//等待键释放
46	return(jp[han][lie])；//返回按键行列所对应的键值
47	}
48	}
49	pos＝pos＜＜1；//没键按下继续为下一行扫描做准备
50	}
51	return(0xff)；//4 行都没键按下则返回 0XFF 作为无键按下标志
52	}
53	void init_time()　　//定时器初始化
54	{
55	TMOD＝0X01；　　//定义工作方式
56	TH0＝(65536-5000)/256；　//高 8 位定时器装载初值
57	TL0＝(65536-5000)%256；　//低 8 位定时器装载初值
58	ET0＝1；　　　　//定时器 0 中断允许置 1
59	EA＝0；　　　　//总中断允许置 0
60	TR0＝1；　　　　//定时器 0 启动运行
61	}
62	void main()
63	{init_time()；　　//定时器初始化函数
64	while(1)
65	{　num＝getkey()；　　//键盘获取函数
66	if(num!＝0xff)
67	{
68	if(num＝＝0)　　//启动/暂停按钮
69	{EA＝～EA；
70	if(EA＝＝0)stop；
71	}
72	if(num＝＝1)dir＝～dir；//电机正反转按钮
73	if(num＝＝2&& speed＜10){speed＝speed＋2;}//电机转速增速
74	if(num＝＝3 && speed＞4){speed＝speed－2;}//电机转速减速
75	}
76	}

行号	程序
77	}
78	void timer0()interrupt 1　　　　　　　　//定时器 0 中断函数
79	{
80	TH0=(65536-5000)/256;　　　　　　　//重新装载寄存器
81	TL0=(65536-5000)%256;
82	if(dir){
83	if(cnt<speed){mccw;}　　　　//PWM 控制
84	else{stop;}
85	}
86	else　{
87	if(cnt<speed){mcw;}　　//PWM 控制
88	else{stop;}
89	}
90	if(++cnt==10)cnt=0;　　　//脉冲信号频率控制
91	}

2. 程序说明

① 05～06 行：定义直流电机控制端口。

② 07～09 行：定义直流电机工作模式。

③ 18～23 行：延时函数。

④ 24～52 行：键盘扫描程序。

⑤ 53～61 行：定时器 T0 初始化。

⑥ 65 行：获取键盘值。

⑦ 68～70 行：直流电机启动/暂停程序。

⑧ 72 行：直流电机正反转标志位。

⑨ 73 行：直流电机 PWM 控制加速程序。

⑩ 74 行：直流电机 PWM 控制减速程序。

⑪ 78 行：定时器 T0 中断函数。

⑫ 80～81 行：定时器 T0 高、低 8 位计数器重新装载初始值。

⑬ 82～85 行：直流电机正转程序。

⑭ 83 行：直流电机 PWM 控制，通过改变参考值来调节正转速度。

三、创建程序文件并生成 .hex 文件

打开 MedWin，新建项目文件，创建程序文件，输入上述程序，然后按工具栏上的"产生代码并装入"按钮（或按 CTRL＋F8），此时将在屏幕的构建窗口中看到图 4-10 所示的信息，它代表编译没有错误，也没有警告信息。

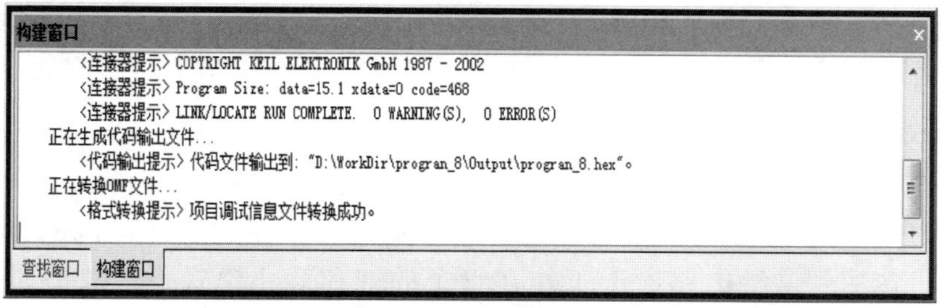

构建窗口
<连接器提示> COPYRIGHT KEIL ELEKTRONIK GmbH 1987 - 2002
<连接器提示> Program Size: data=15.1 xdata=0 code=468
<连接器提示> LINK/LOCATE RUN COMPLETE.　0 WARNING(S),　0 ERROR(S)
正在生成代码输出文件...
<代码输出提示> 代码文件输出到: "D:\WorkDir\progran_8\Output\progran_8.hex"。
正在转换OMF文件...
<格式转换提示> 项目调试信息文件转换成功。
查找窗口
构建窗口

图 4-10　编译过程信息提示

四、运行程序观察结果

如果有实物板可把程序下载到实物板上再运行、调试。也可以根据图 4-9 与表 4-8 提供的原理图与器件清单在万能板上搭出电路后再把已编译所生成的 .hex 文件下载到单片机中，然后再调试运行。如果没有实物电路板，也可以用 Proteus ISIS 仿真运行，如图 4-11 所示。

+5V
R1
1k
R2
1k
Q3
PNP
Q4
PNP
Q5
NPN
Q6
NPN
U1
NOT
U3
NOT
Q1
NPN
Q2
NPN
C1
30pF
C2
30pF
U2
XTAL1
XTAL2
RST
PSEN
ALE
EA
AT89C52
P2.3
P2.4
启动
方向

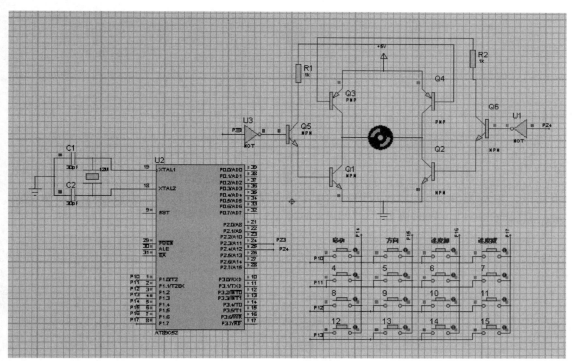

图 4-11　仿真运行画面

【知识链接】

一、PWM 脉冲调制

调速采用 PWM（Pulse Width Modulation）脉宽调制，工作原理：通过产生矩形波，改变占空比，以达到调整脉宽的目的。PWM 的定义：脉宽调制（PWM）是利用微处理器的数字输出来对模拟电路进行控制的一种非常有效的技术，广泛应用在测量、通信、功率控制与变换等许多领域中。

1. 电路设计

电动机 PWM 驱动模块的电路设计与实现具体电路如图 4-12 所示。采用由复合管组成的 H 型 PWM 电路。用单片机控制复合管使之工作在占空比可调的开关状态，精确调整电动机转速。这种电路由于工作在管子的饱和截止模式下，效率非常高；H 型电路保证了可以简单地实现转速和方向的控制；电子开关的速度很快，稳定性也极佳，是一种广泛采用的 PWM 调速技术。

由复合体管组成的 H 型桥式电路，四部分晶体管以对角组合可以分为 2 组：两个输入端高低电平控制晶体管是否导通或截止。

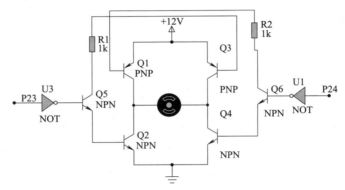

图 4-12 电动机 PWM 驱动模块

H 型桥式电动机驱动电路如图 4-13 所示，包括 4 个三极管和一个电机，因为它的形状与字母 H 相似，故因此而得名。要使电动机成功运转，须对对角线上的一对三极管通电。根据不同的三极管对的导通通电的情况，电流会从右至左或以相反方向流过电机，从而改变电机的转动方向。

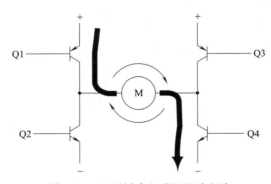

图 4-13 H 型桥式电动机驱动电路

【温馨提示】

要想使电动机运转，必须使对角线上两个三极管通电。例如，当 Q1 管与 Q4 管导通时，电流从电源正极经 Q1 从左到右通过电机，再经 Q4 到电源的负极。同样，Q2 与 Q3 亦是如此，由电流箭头可以看出，驱动电动机将顺时针转动。

在电动机驱动信号方面，可采用占空比可调的周期矩形信号控制。脉冲频率对电动机转速有影响，脉冲频率高连续性好，但带负载能力差，脉冲频率低则反之。经实验发现，当电动机转动平稳后，加负载会导致速度下降明显，低速时甚至会停转；脉冲频率在 10Hz 以下时，电动机转动有明显跳动现象。当 P2.3 输入高电平信号，P2.4 输入低电平时，电机正转；当 P2.3 输入低电平信号，P2.4 输入高电平时，电机反转；P2.3、P2.4 同时为高电平或低电平时，电机不转。对信号占空比的调整可以实现对电机转速进行调节。

【温馨提示】

单片机管脚作为 PWM 电机驱动接口控制电机逻辑关系表如表 4-11 所示。

表 4-11　PWM 电机驱动接口控制电机逻辑关系表

PWM 电机驱动接口	电机正转	电机反转	电机停止	电机停止
P2.3	0	1	1	0
P2.4	1	0	1	0

2. 程序设计

直流电机 PWM 控制程序分为三部分，第一部分是定时器 0 初始化，第二部分是定时器中断程序，第三部分是控制主函数。

管脚申明、宏定义如下。

```
sbit P23 = P2^3;                    //定义驱动端口
sbit P24 = P2^4;                    //定义驱动端口
#define stop {P24=0;  P23=0;}       //宏定义直流电机停止,驱动端口逻辑电平
#define mcw  {P23=0;  P24=1;}       //宏定义直流电机正转,驱动端口逻辑电平
#define mccw {P23=1;  P24=0;}       //宏定义直流电机反转,驱动端口逻辑电平
```

定时器 0 初始化如下。

```
void init_time()
{
    TMOD=0X01;
    TH0=(65536-5000)/256;
    TL0=(65536-5000)%256;
    ET0 = 1;
    EA = 0;
    TR0 = 1;
}
```

程序解释：

① 定义定时/计数器 T0 为定时器，工作于方式 1，即 16 位计数器，计数容量为 65536 个机器脉冲。

② 预置 T0 的高 8 位计数器，定时器定时 5ms。

③ 预置 T0 的低 8 位计数器，定时器定时 5ms。

④ 允许定时器 0 中断。

⑤ 中断总允许。

⑥ 启动定时器 0。

定时器中断程序如下。

```
void timer0()interrupt 1
{
    TH0＝(65536-5000)/256;
    TL0＝(65536-5000)%256;
    if(dir){
        if(cnt＜speed) { mccw;}
            else {stop;}
        }
    else  {
        if(cnt＜speed) { mcw;}
            else {stop;}
        }
    if(＋＋cnt ＝＝ 10) cnt ＝ 0;
}
```

程序解释：

① 重新预置 T0 计数器，定时器定时 5ms。

② 直流电机正反转标准判断，dir 为真时正转，否则反转。

③ cnt 小于 speed 时正转，否则停止。PWM 调制，改变 speed 来调整方波占空比对直流电机正转速度进行控制。

④ cnt 小于 speed 时反转，否则停止。PWM 调制，改变 speed 来调整方波占空比对直流电机反转速度进行控制。

⑤ 设置 PWM 脉宽调制波形周期为 $5×10ms＝50ms$；频率为 20Hz。

直流电机 PWM 控制主函数如下。

```
    void main()
{ init_time();
    while(1)
    {   num=getkey();
        if(num! ＝0xff)
        {
```

```
if(num==0)
    { EA = ~EA;
    if(EA==0)stop;
    }
if(num==1) dir = ~dir；
if(num==2&& speed<10) { speed=speed+2;}
if(num==3 && speed>4) { speed=speed-2;}
    }
  }
}
```

程序解释：

① 判断是否有按键按下，并获取值。

② 判断获取值是否为 0xff，为 0xff 时无效。

③ 判断是否按键 0 按下，控制电机启动/停止。

④ 判断是否按键 1 按下，控制电机正反转。

⑤ 电机转速增速按键，每按下一次，速度增加一挡，最大占空比为 80%。

⑥ 电机转速减速按键，每按下一次，速度减速一挡，最小占空比为 20%。

二、PWM 波形输出

1. 占空比为 20%

图 4-14 所示为直流电机转速最小时，单片机 P2^4 管脚的输出波形，speed 为 1，脉冲周期时间为 50ms，频率为 20Hz，占空比为 20%。

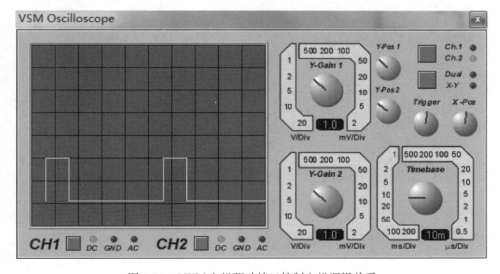

图 4-14　PWM 电机驱动接口控制电机逻辑关系

2. 占空比为 40%

图 4-15 所示为直流电机二挡时，单片机 P2＾4 管脚的输出波形，speed 为 2，脉冲周期时间为 50ms，频率为 20Hz，占空比为 40%。

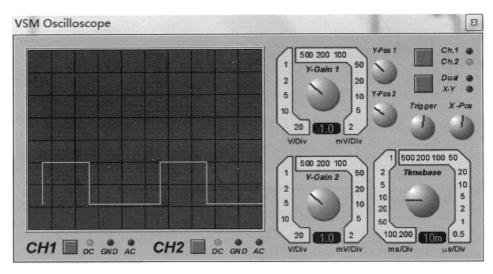

图 4-15　直流电机二挡时的波形图

3. 占空比为 60%

图 4-16 所示为直流电机三挡时，单片机 P2＾4 管脚的输出波形，speed 为 3，占空比为 60%。

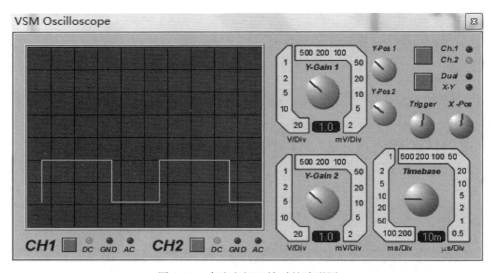

图 4-16　直流电机三挡时的波形图

4. 占空比为 80%

图 4-17 所示为直流电机转速最大时单片机 P2＾4 管脚的输出波形，speed 为 4，占空比为 80%。

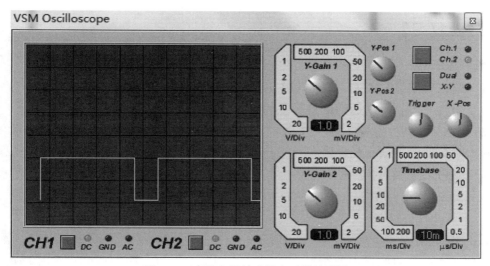

图 4-17　直流电机转速最大时的波形图

【小课堂】

科学精神：学习单片机直流电机的 PWM 控制，需要具备严谨的科学精神和实验精神，尊重实验数据和实验结果，勇于探索和发现新规律、新现象。

创新意识：在单片机直流电机的 PWM 控制中，需要具备一定的创新意识和创新能力，尝试不同的控制方法和策略，寻找最优的控制方案。

工程素养：学习单片机直流电机的 PWM 控制，需要具备工程素养和系统观念，将控制系统看作一个整体，关注各个组成部分之间的相互影响和作用。

团队协作：直流电机的 PWM 控制往往需要多人协作完成，每个人在其中扮演不同的角色和职责。通过团队协作，可以培养学生的沟通能力和团队合作精神。

责任担当：在学习单片机直流电机的 PWM 控制过程中，需要对自己的工作成果负责，同时也需要对团队成员的工作进行监督和帮助。通过这种责任担当的培养，可以让学生更好地适应未来的职场环境和社会责任。

📁【任务考核与评价】

评价项目	评价内容	分值	自我评价	小组评价	教师评价	得分
技能目标	①会编写定时器初始化函数	10				
	②会编写定时器中断函数	10				
	③会编写 PWM 控制程序	10				
	④掌握 H 型 PWM 电路设计原理	10				
知识目标	①理解定时器工作过程	10				
	②掌握 PWM 控制原理	10				
	③理解键盘扫描原理	10				
情感态度	①出勤情况	5				
	②纪律表现	5				
	③实操情况	10				
	④团队意识	10				
总分		100				

✎【巩固复习】

一、填空题

（1）调速采用 PWM（Pulse Width Modulation）脉宽调制，工作原理：通过产生矩形波，改变_____，以达到调整脉宽的目的。

（2）由复合体管组成的 H 型桥式电路，四部分晶体管以对角组合可以分为 2 组：两个输入端高低电平控制晶体管_____。

（3）电路中，当 P2.3 输入_____，P2.4 输入_____时，电机正转；当 P2.3 输入_____，P2.4 输入_____时，电机反转；P2.3、P2.4 同时为_____，电机不转。

二、选择题

H 型桥式电动机驱动电路包括 4 个三极管和一个电机，因为它的形状与字母 H 相似（见图 4-13），要使电动机逆时针转动，需要三极管（　　）导通。

A. Q1 和 Q2　　　　　　　B. Q3 和 Q4

C. Q1 和 Q4　　　　　　　D. Q3 和 Q4

任务 3　全自动洗衣机控制系统设计与制作

📚【任务导入】

随着人民生活水平的大幅提升，全自动洗衣机已经成为家庭中一种常见的日用电器，本任务是模拟全自动洗衣机的工作过程。以直流电机替代洗衣机电机。显示洗衣机工作的状态（进水、浸泡、洗衣、排水、脱水、结束）。小液晶显示洗衣机工作模式。洗衣时交替正转、停止、反转。

➡【任务目标】

知识目标

（1）理解定时器工作过程。

（2）能掌握 PWM 控制原理。

（3）能理解 1602 液晶显示原理。

技能目标

（1）会编写洗衣机初始化函数。

（2）会编写标准洗衣模式程序。

（3）会编写快速洗衣模式程序。

素养目标

（1）文明、规范操作，培养良好的职业道德与习惯。

（2）培养认真细致的工作态度和创新精神。

🖅【任务组织形式】

　　采取以小组为单位的形式互助学习，有条件的每人一台电脑，条件有限的可以两人合用一台电脑。用仿真实现所需的功能后如果有实物板（或自制硬件电路）可把程序下载到实物板上再运行、调试，学习过程中鼓励小组成员积极参与讨论。

📇【任务实施】

一、创建硬件电路

　　全自动洗衣机的最主要的工作部件是电动机，电动机的工作状态决定了洗涤过程的状态并于液晶显示器上显示其当前的工作状态。例如，电动机正转时，洗衣机的水流呈单方向旋转状态，而当电动机反转时，洗衣机的水流呈反方向旋转状态，电动机的正反转循环切换就形成了水流的反复旋转洗涤衣物的过程。图 4-18 所示为实现直流电机的 PWM 控制的电路原理图，与系统电路图相对应的元器件清单，如表 4-12所示。

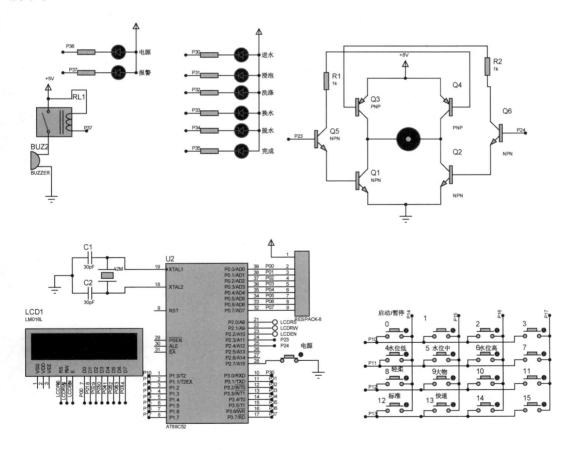

图 4-18　自动洗衣机控制电路

表 4-12　元器件清单

元器件名称	参数	数量	元器件名称	参数	数量
单片机	89C52	1	电阻	1kΩ	3
IC 插座	DIP40	1	电阻	200Ω	8
晶体振荡器	12MHz	1	瓷片电容	33pF	2
排阻	10kΩ	1	电解电容	22μF	1
16×2 字符液晶	1602	1	4×4 键盘	—	1
直流电机	—	1	三极管	—	6
发光二极管	—	8	蜂鸣器	—	1

电路说明：

① 52 单片机采用＋5V 电源供电。

② 52 单片机通过晶体振荡器、电解电容等组成最小系统。

③ 显示部分采用 16×2 字符型液晶显示器。

④ 按键部分采用 4×4 键盘输入。

⑤ 由复合管组成 H 型桥式电路来对直流电机进行控制。

⑥ 由发光二极管组成指示灯和继电器控制蜂鸣器。

二、程序编写

1. 编写的程序

自动洗衣机控制程序编写如表 4-13 所示。

表 4-13　自动洗衣机控制程序

行号	程序
01	#include＜reg52. h＞
02	#define uchar unsigned char
03	#define uint unsigned int
04	#define key_port P1　　　　　　//定义键盘获取端口
05	#define stop{P24＝0;　P23＝0;}　//直流电机停止
06	#define mcw　{P23＝0;　P24＝1;}　//直流电机正转
07	#define mccw{P23＝1;　P24＝0;}　//直流电机反转
08	sbit P23＝P2＾3;　　　　　　//直流电机控制端口
09	sbit P24＝P2＾4;
10	sbit led_in＝P3＾0;　　　　　//进水指示灯
11	sbit led_pao＝P3＾1;　　　　//浸泡指示灯
12	sbit led_xi＝P3＾2;　　　　　//洗涤指示灯
13	sbit led_out＝P3＾3;　　　　//出水指示灯
14	sbit led_tuo＝P3＾4;　　　　//脱水指示灯
15	sbit led_over＝P3＾5;　　　　//完成指示灯
16	sbit led_power＝P3＾6;　　　//电源指示灯
17	sbit bell＝P3＾7;　　　　　　//蜂鸣器
18	sbit RS＝P2＾0;　　　　　　//1602 液晶控制端口
19	sbit RW＝P2＾1;
20	sbit EN＝P2＾2;

行号	程序
21	sbit power＝P2＾7;　　　　　　　　　//定义电源开关
22	uchar num,pwm,speed;
23	uchar water_line,time,mode;
24	uchar sec＝0,min＝0,flag0,flag1;
25	uint count＝0;
26	uchar dir＝1;
27	bit star＝0;
28	bit fig＝0;
29	uchar code table3[]＝"SET";
30	uchar code table1[]＝"SET　water";
31	uchar yjtable0[]＝{'-','|','/','-'};
32	uchar yjtable1[]＝{'-','/','|','-',};
33	uchar code jp[4][4]＝{0,1,2,3,　　　　//与 4×4 矩阵键盘相对应
34	4,5,6,7,
35	8,9,10,11,
36	12,13,14,15
37	};
38	
39	void delay(uint z)　　　　　　　　　//延时子函数
40	{
41	uint x,y;
42	for(x＝z;x＞0;x－－)
43	for(y＝120;y＞0;y－－);
44	}
45	void write_cmd(uchar cmd)　　　　　//液晶写命令函数
46	{
47	RW＝0;
48	RS＝0;
49	EN＝0;
50	P0＝cmd;
51	delay(5);
52	EN＝1;
53	delay(5);
54	EN＝0;
55	}
56	void write_dat(uchar dat)　　　//液晶写数据函数
57	{
58	RW＝0;
59	RS＝1;
60	EN＝0;
61	P0＝dat;
62	delay(5);
63	EN＝1;
64	delay(5);
65	EN＝0;
66	}
67	void init()　　　　　　　　　　　　//初始化函数
68	{
69	bell＝1;　　　　　　　　　　　　//蜂鸣器关

行号	程序
70	led_power＝1；　　　　　　　　　　　　　//电源指示灯关
71	P3＝0XFF；
72	P2＝0XFF；
73	sec＝0；
74	EA＝0；　　　　　　　　　　　　　　//允许中断总开关
75	count＝0；
76	dir＝1；　　　　　　　　　　　　　　//电机方向正转
77	star＝0；
78	fig＝0；
79	flag0＝1；
80	EN＝0；
81	write_cmd(0x38)；　　　　//16×2 显示,5×7 点阵,8 位数据
82	write_cmd(0x0c)；　　　//开显示,光标不显示,光标不闪烁
83	write_cmd(0x06)；　　　//地址指针加 1,不移动
84	write_cmd(0x01)；　　　//清屏
85	write_cmd(0x80)；　　　//显示字符在第一行
86	
87	}
88	init_washer()　　　　　　//洗衣机初始化程序
89	{
90	led_power＝0；　　　//电源指示灯亮
91	water_line＝2；　　　//默认水位控制为中
92	mode＝3；　　　　　//洗衣机运行模式为柔弱
93	time＝1；　　　　　//洗衣机洗衣模式为标准
94	}
95	uchar getkey()　　　　　　//获取键盘子函数
96	{
97	uchar han,lie,pos；
98	key_port＝0xff；
99	pos＝0x01；//每次从第一行开始扫描
100	for(han=0;han＜4;han＋＋)
101	{
102	key_port＝～pos；　　//逐行扫描,待扫描行输出"0",其他输出"1"
103	if(～key_port&0xf0) //本行有键按下?
104	{
105	delay(100)；　　//去抖动
106	if(～key_port&0xf0)//再次判断本行有键按下?
107	{
108	//确实有键按下,识别本行的哪一列按下
109	switch(～key_port&0xf0)
110	{
111	case 0x10:lie=0;break;
112	case 0x20:lie=1;break;
113	case 0x40:lie=2;break;
114	case 0x80:lie=3;break;
115	}
116	while(～key_port&0xf0)；//等待键释放
117	return(jp[han][lie])；//返回按键行列所对应的键值
118	}

行号	程序
119	}
120	pos＝pos＜＜1；//没键按下继续为下一行扫描做准备
121	}
122	return(0xff)；//4 行都没键按下则返回 0xff 作为无键按下标志
123	}
124	void init_time()　　　　　　　//定时器初始化函数
125	{
126	TMOD＝0X01；　　　　　　//定义定时器 0 工作模式
127	TH0＝(65536-10000)/256；　//装载寄存器
128	TL0＝(65536-10000)%256；
129	ET0＝1；　　　　　　　　//定时器 0 中断允许
130	EA＝1；　　　　　　　　//总中断允许
131	TR0＝1；　　　　　　　　//定时器启动
132	}
133	void display()　　　　　　　//液晶显示子函数
134	{
135	uchar i＝0；
136	if(! star)
137	{
138	if(fig＝＝1)
139	{
140	write_cmd(0x80)；　　　　//显示工作模式字符"work"
141	write_dat('w')；
142	write_dat('o')；
143	write_dat('r')；
144	write_dat('k')；
145	}
146	else
147	{　　　write_cmd(0x80)；　//显示设置模式字符"set"
148	while(table1[i])
149	{　　write_dat(table1[i++])；
150	delay(2)；
151	}
152	}
153	if(water_line＝＝1)　//显示水位控制字符"low"
154	{ write_cmd(0x80＋12)；
155	write_dat('l')；
156	write_dat('o')；
157	write_dat('w')；
158	write_dat(' ')；
159	}
160	if(water_line＝＝2)　　　//显示水位控制字符"mid"
161	{write_cmd(0x80＋12)；
162	write_dat('m')；
163	write_dat('i')；
164	write_dat('d')；
165	write_dat(' ')；
166	}
167	if(water_line＝＝3)　　　//显示水位控制字符"high"

163

行号	程序
168	{write_cmd(0x80+12);
169	write_dat('h');
170	write_dat('i');
171	write_dat('g');
172	write_dat('h');
173	}
174	if(time==1)　　//显示标准模式洗衣字符"regular"
175	{write_cmd(0xC0+4);
176	write_dat('r');
177	write_dat('e');
178	write_dat('g');
179	write_dat('u');
180	write_dat('l');
181	write_dat('a');
182	write_dat('r');
183	}
184	if(time==2)　　//显示快速模式洗衣字符"fast"
185	{
186	write_cmd(0xC0+4);
187	write_dat('f');
188	write_dat('a');
189	write_dat('s');
190	write_dat('t');
191	write_dat(' ');
192	write_dat(' ');
193	write_dat(' ');
194	}
195	if(mode==4)　//显示洗衣机运行模式"big"
196	{
197	write_cmd(0xC0+12);
198	write_dat('b');
199	write_dat('i');
200	write_dat('g');
201	write_dat(' ');
202	}
203	if(mode==3)　//显示洗衣机运行模式"soft"
204	{
205	write_cmd(0xC0+12);
206	write_dat('s');
207	write_dat('o');
208	write_dat('f');
209	write_dat('t');
210	}
211	}
212	if(star&&dir==1)　　//显示模拟电机正转图形
213	{
214	write_cmd(0xc0);
215	write_dat(yjtable0[count/50]);
216	}

行号	程序
217	else if(star&& dir==2)　//显示模拟电机反转图形
218	{
219	write_cmd(0xc0);
220	write_dat(yjtable1[count/50]);
221	}
222	else
223	{　　write_cmd(0xc0);
224	write_dat(' ');
225	}
226	}
227	water_in()　　　　　　//洗衣机进水子函数
228	{
229	if(count>100)led_in=1;
230	else led_in=0;
231	if(water_line==1)
232	{　　if(sec>=30)flag0++,led_in=0,sec=0;}
233	if(water_line==2)
234	{　　if(sec>=40)flag0++,led_in=0,sec=0;}
235	if(water_line==3)
236	{　　if(sec>=50)flag0++,led_in=0,sec=0;}
237	}
238	pao(uchar t)　　　//洗衣机浸泡子函数
239	{
240	if(count>100)led_pao=1;
241	else led_pao=0;
242	if(min>=t)flag0++,led_pao=0,sec=0,min=0;
243	}
244	xi(uchar t)　　　//洗衣机洗衣子函数
245	{
246	if(count>100)led_xi=1;
247	else led_xi=0;
248	star=1;
249	speed=mode;
250	if(min>=t)
251	{
252	flag0++,led_xi=0,sec=0,min=0;
253	star=0;
254	}
255	}
256	tuo(uchar t)　　　//洗衣机脱水子函数
257	{
258	if(count>100)led_tuo=1;
259	else led_tuo=0;
260	star=1;
261	speed=5;
262	dir=1;
263	if(min>=t)
264	{
265	flag0++,led_tuo=0,sec=0,min=0;

行号	程序
266	star＝0;
267	}
268	}
269	water_out(uchar t)　　//洗衣机排水子函数
270	{　　　if(count＞100)led_out＝1;
271	else led_out＝0;
272	if(min＞＝t){flag0＋＋;led_out＝0;sec＝0;min＝0;}
273	}
274	over()　　　　//洗衣机完成子函数
275	{
276	if(count＞100)led_over＝0,bell＝0;
277	else led_over＝1,bell＝1;
278	if(sec＞＝10)flag0＝0,led_over＝0,bell＝1;
279	}
280	set()　　　//洗衣机工作模式设置子函数
281	{
282	num＝getkey();
283	if(num!＝0xff)
284	{
285	if(num＝＝4)water_line＝1;//选择进水水位低
286	if(num＝＝5)water_line＝2;//选择进水水位中
287	if(num＝＝6)water_line＝3;//选择进水水位高
288	if(num＝＝8)mode＝3;//洗涤模式轻柔
289	if(num＝＝9)mode＝4;//洗涤模式大物
290	if(num＝＝12)time＝1;//标准模式
291	if(num＝＝13)time＝2;//快速模式
292	if(num＝＝0)fig＝～fig;　　//启动/暂停
293	}
294	}
295	working()　　　//洗衣机运行子函数
296	{
297	
298	if(time＝＝1)
299	{
300	switch(flag0)//标准模式洗衣
301	{
302	case 1：water_in();break;//进水
303	case 2：pao(5);break;//浸泡
304	case 3：xi(12);break;//洗涤
305	case 4：water_out(3);break;//排水
306	case 5：tuo(3);break;//脱水
307	case 6：water_in();break;//进水
308	case 7：xi(8);break;//漂洗
309	case 8：water_out(3);break;//排水
310	case 9：tuo(3);break;//脱水
311	case 10：over();break;//完成
312	}
313	}
314	

行号	程序
315	if(time==2)//快速模式洗衣
316	{
317	switch(flag0)
318	{
319	case 1：water_in();break;//进水
320	case 2：pao(2);break;//浸泡
321	case 3：xi(10);break;//洗涤
322	case 4：water_out(2);break;//排水
323	case 5：　　tuo(3);break;//脱水
324	case 6：water_in();break;//进水
325	case 7：xi(5);break;//漂洗
326	case 8：　　water_out(2);break;//排水
327	case 9：tuo(2);break;//脱水
328	case 10:over();break;//完成
329	}
330	}
331	}
332	motor_pwm()　　　　　　　　//电机 PWM 控制函数
333	{uchar i;
334	if(star)
335	{
336	if(speed==mode)　　//电机转速选择
337	{i=sec%20;
338	if(i < 8){ dir=1;}　　// 电机正转
339	else if(i > 9 && i < 18){ dir=2;}　//电机反转
340	else ｛ dir=3;}　　　//电机停止
341	}
342	if(dir==1)　　　//电机正转
343	{
344	if(pwm<speed){　//电机转速控制
345	mcw;
346	}
347	else{stop;}
348	}
349	else if(dir==2)　　//电机反转
350	{
351	if(pwm<speed){　//电机转速控制
352	mccw;
353	}
354	else{stop;}
355	}
356	else　stop;
357	}
358	else　stop;
359	}
360	void main()　　　//主函数
361	{
362	home:
363	init();　　　　//初始化

行号	程序
364	while(power)； //电源开关判断
365	init_time()； //定时器初始化
366	init_washer()； //洗衣机初始化
367	display()； //显示函数
368	while(1)
369	{
370	display()；
371	set()； //洗衣机设置函数
372	if(fig==1)working()； //洗衣机工作函数
373	else star=0；
374	motor_pwm()； //电机 PWM 控制函数
375	if(power)goto home； //电源总开关按钮
376	}
377	}
378	void timer0()interrupt 1 //定时器 0 中断函数
379	{
380	TR0=0； //中断停止
381	TH0=(65536-5000)/256； //重新装载定时寄存器
382	TL0=(65536-5000)%256； //定时 5ms 中断一次
383	count++；
384	pwm++；
385	if(count>=200)count=0,sec++； //分、秒计时
386	if(sec>=60){min++；sec=0；}
387	motor_pwm()； //电机 PWM 控制
388	if(pwm==6)pwm=0；//脉冲时间为 6×5ms=30ms
389	TR0=1； //中断启动
390	}

2. 程序说明

① 05～09 行：定义直流电机控制端口和工作模式。

② 10～17 行：定义工作指示灯。

③ 18～21 行：定义液晶控制端口和电源端口。

④ 22～37 行：定义全局变量、数组。

⑤ 39～44 行：延时程序。

⑥ 45～55 行：1602 液晶写控制命令函数。

⑦ 56～66 行：1602 液晶写显示字符函数。

⑧ 67～86 行：1602 液晶初始化、系统工作初始化。

⑨ 88～94 行：洗衣机初始化程序。

⑩ 95～125 行：4×4 键盘程序。

⑪ 126～134 行：定时器 0 初始化程序。

⑫ 135～228 行：1602 液晶显示程序。

⑬ 229～239 行：洗衣机进水程序。

⑭ 240～245 行：洗衣机泡水程序。

⑮ 246～257 行：洗衣机洗涤程序。

⑯ 258～270 行：洗衣机排水程序。

⑰ 271～275 行：洗衣机脱水程序。

⑱ 276～281 行：洗衣机完成洗衣程序。

⑲ 282～296 行：洗衣机工作模式选择输入程序（按键输入）。

⑳ 297～333 行：洗衣机工作程序。

㉑ 334～361 行：直流电机 PWM 控制程序。

㉒ 362～379 行：主函数。

㉓ 380～390 行：定时器中断程序。

三、创建程序文件并生成 .hex 文件

打开 MedWin，新建项目文件，创建程序文件 "program_9.c"，输入上述程序，然后按工具栏上的 "产生代码并装入" 按钮（或按 CTRL＋F8），此时将在屏幕的构建窗口中看到图 4-19 所示的信息，它代表编译没有错误，也没有警告信息，且在对应任务文件夹的 Output 子目录中已生成目标文件。

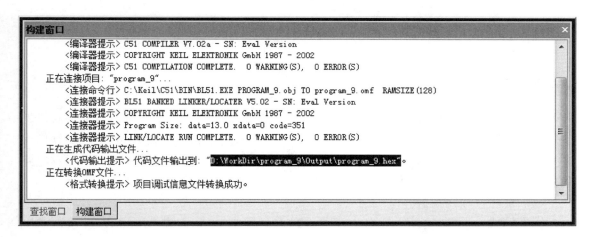

图 4-19　编译过程信息提示

四、运行程序观察结果

在 Proteus 中打开项目 4 任务 3 设计电路，把已编译所生成的 .hex 文件下载到单片机中，同时观察结果。

如果有实物板可把程序下载到实物板上再运行、调试。也可以根据图 4-18 与表 4-11 提供的原理图与器件清单在万能板上搭出电路后再把已编译所生成的 .hex 文件下载到单片机中，然后再调试运行。如果没有实物电路板，也可以用 Proteus ISIS 仿真运行，如图 4-20 所示。

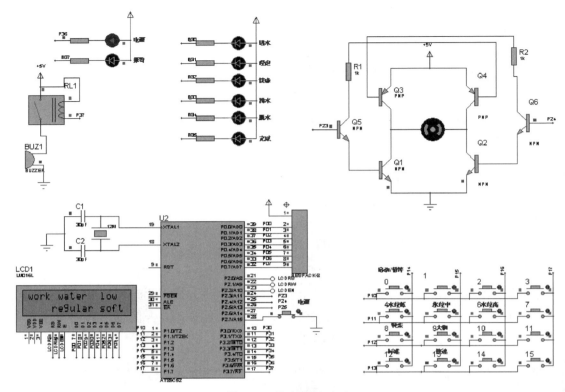

图 4-20　仿真运行画面

【知识链接】

　　设计一个用单片机控制的洗衣机控制器，以单片机为主控制器，模拟自动洗衣机的工作过程，但由于软件仿真的局限性，与现实中的自动洗衣机还有一定差距，如软件无法实现水位传感器、洗衣机盖开闭保护开关等硬件功能。主要目的是让大家通过本电路和程序能够体会单片机在现实生活中的应用。

　　（1）洗涤按钮

　　标准模式：进水；浸泡 5min；洗涤 12min；排水 3min；脱水 3min；进水；漂洗 8min；排水 3min；脱水 3min。

　　快速模式：进水；浸泡 2min；洗涤 10min；排水 2min；脱水 3min；进水；漂洗 5min；排水 2min；脱水 2min。

　　【温馨提示】

　　默认为标准模式。

　　（2）指示灯闪烁

　　进水时进水指示灯闪烁；浸泡时浸泡指示灯闪烁；洗涤时洗涤指示灯闪烁；排水时排水指示灯闪烁；脱水时脱水指示灯闪烁；漂洗时漂洗指示灯闪烁；完成洗衣时蜂鸣器报警提示，指示灯闪烁。

　　（3）启动/暂停按钮控制

　　第一次按下启动运行，标准模式、水位中挡、轻柔模式；工作时按此按钮暂停，再按则恢复工作；有电源开关。

（4）进水水位控制

根据添加衣物多少可以设置进水量，进水分高、中、低三个挡位，默认为中挡。

（5）洗衣强度控制

根据衣物不同设定电机转速快慢，有轻柔模式和大物模式，轻柔模式直流电机转速较慢，大物模式直流电机转速较快，默认为轻柔模式。

完成一次洗衣过程所需的动作有：

① 进水动作

进行洗涤时，盛水桶内的水量必须达到水位设定要求。洗衣机的进水和水位判断，是由水位开关传感器和进水阀的开合来进行控制的，本电路没有设计水位开关传感器，所以不能判断水位高低。水桶内的水量多少通过进水阀打开时间长短来控制，故精确度不高。还可能出现外面进水阀门没有打开等情况从而引起误判断，读者可以自行设计添加完善电路。

② 排水动作

进入脱水动作前应先排水。同进水动作一样，电路没有设计水位传感器，不能采集水位信号来判断水位高低，洗衣机排水动作根据排水阀门开闭时间长短来控制。

③ 洗涤动作/漂洗动作

与漂洗动作工作相同，洗涤动作指的是电机周期性的"正转—停止—反转—停止"。不同的洗涤模式：标准模式/快速模式，电机的工作时间不同。不同的洗衣强度：轻柔/大物，电机的转速不同。

④ 脱水动作

排水结束后进入脱水动作，脱水是通过电机的正转来实现的，同时要求排水阀门打开，脱水时的电机正转速度大于洗涤时的电机正转速度。现实中工作洗衣机进行脱水时若遇到洗衣机盖打开，则暂停脱水，并发出报警，直至用户合上桶盖后，才继续进行脱水。本电路没有设计此中断报警功能，读者可以自行添加设计。脱水结束后，发出报警信号，并自动关闭排水阀。

⑤ 完成动作

二次脱水结束后进入完成动作，蜂鸣器报警 10s，同时完成指示灯闪烁提示洗衣结束。

【小课堂】

耐心和细心：学习自动洗衣机的程序需要耐心和细心，需要逐步理解和掌握每个程序的具体操作步骤和细节，不能急于求成。这种耐心和细心也是学生学习和工作中必不可少的素质。

坚持不懈的精神：学习自动洗衣机的程序需要坚持不懈的精神，因为程序比较长，需要花费一定的时间和精力去学习和理解。只有通过不断的努力和实践，才能掌握好这个技能。

责任担当：学习自动洗衣机的程序需要对自己的工作成果负责，同时也需要对团队成员的工作进行监督和帮助。通过这种责任担当的培养，可以让学生更好地适应未来的职场环境和社会责任。

爱国情怀：通过学习自动洗衣机的程序，可以了解到我国在智能家电领域的发展和成就，从而增强学生的民族自豪感和爱国情怀。

【任务考核与评价】

评价项目	评价内容	分值	自我评价	小组评价	教师评价	得分
技能目标	①会编写洗衣机初始化函数 ②会编写标准洗衣模式程序 ③会编写快速洗衣模式程序 ④洗衣完成能够报警提示	10 10 10 10				
知识目标	①理解定时器工作过程 ②能掌握 PWM 控制原理 ③能理解 1602 液晶显示原理	10 10 10				
情感态度	①出勤情况 ②纪律表现 ③实操情况 ④团队意识	5 5 10 10				
总分		100				

【实战提高】

一键多用在日常生活中的应用非常广泛，在全自动洗衣机中也经常采用"一键多用"的模式，用户可通过单个按钮来实现不同的操作。参照图 4-20，实现电源键的"一键多功能"使用，即单次单击实现电源开启、双击实现启动、长按 3s 实现暂停/继续等功能，试编写程序并在 Proteus 上仿真运行。

单片机实训指导书

一、实训班级

自动化、电子信息、电气自动化等专业班级。

二、实训项目

本实训指导书提供了与课程内容相关的多个实训案例，项目包括指示灯、交通灯、跑马灯、按键控制、数字钟等多类型的电路设计、程序编写和仿真调试及线路搭接。

三、实训目的

① 使学生从实践方面更好地掌握单片机的原理与应用的方法。

② 掌握单片机常用电路的原理图输入。

③ 掌握单片机常用控制程序的编写。

④ 使学生进一步掌握编程的方法和技巧。

⑤ 进一步强调和加强学生安全生产、安全操作的观念以及克服困难、认真谨慎的职业态度。

四、实训要求

教师提供各个项目的电路原理图参考程序，要求学生在 Proteus 仿真软件中输入电路原理图，自己动手编写程序并进行电路仿真调试。写好每一实训项目的实训报告，内容应包括存在问题的分析、收获与体会。完成实训项目，由指导教师评定项目分数，指导教师综合评定成绩，分优、良、中、及格、不及格五个等级。

五、实训时间、实训指导教师

班级	自动化、电子信息、电气自动化等专业班级
时间	
指导教师	

六、实训项目的内容和步骤

常见元器件在 Proteus 中的选取方式如下。

元器件名称	在 Proteus 中选取	元器件名称	在 Proteus 中选取	元器件名称	在 Proteus 中选取
单片机	AT89C51	弹性按键	BUTTON	三极管	NPN 或 PNP
晶体振荡器	CRYSTAL	发光二极管	LED-BIRG	二极管	DIODE
电阻	RES	排阻	RESPACK-8	继电器	G2R-14
电容	CAP	数码管	7 SEG-COM		

任务一　开关控制指示灯（实物连接、调试）

一、实训要求

（1）仿照附图 1 在 Proteus 中绘制一个基于 89C51 的开关控制指示灯的电路。

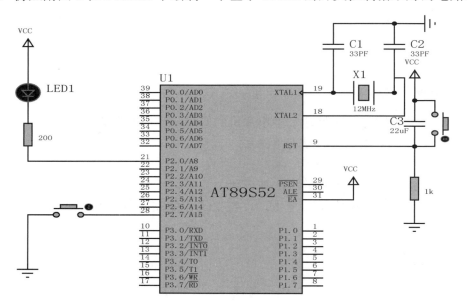

附图 1　开关控制指示灯电路原理图

（2）根据电路图，使用面包板及电子元器件搭接实物电路。

（3）利用仿真器将程序烧入芯片中，将电路板接上电源并进行调试。

二、实训目的

（1）学会搭接硬件电路图。

（2）理解通过程序控制单片机的输入输出。

（3）根据电路原理图，掌握检查硬件电路的方法和步骤。

三、实训步骤

（1）检查元器件，如有损坏的，及时更换。

（2）根据电路原理图，按顺序依次接完，并预留＋5V的两条电压线。

（3）将单片机芯片装上，在测试台上接上＋5V的电源。

（4）调试电路。

任务二　跑　马　灯

一、实训要求

（1）仿照附图 2 在 Proteus 中绘制一个基于 89C51 的跑马灯的电路。

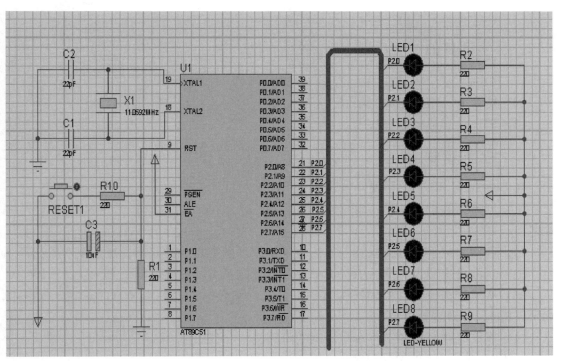

附图 2　跑马灯电路原理图

（2）根据电路图，使用面包板及电子元器件搭接实物电路。

（3）利用仿真器将程序烧入芯片中，将电路板接上电源并进行调试。

二、实训目的

（1）学会搭接硬件电路图。

（2）理解通过程序控制单片机的输入输出。

（3）根据电路原理图，掌握检查硬件电路的方法和步骤。

三、实训步骤

（1）检查元器件，如有损坏的，及时更换。

（2）根据电路原理图，按顺序依次接完，并预留＋5V 的两条电压线。

（3）将单片机芯片装上，在测试台上接上＋5V 的电源。

（4）调试电路。

任务三　在数码管上显示"HELLO"

一、实训要求

（1）通过编写程序，使数码管上显示"HELLO"。

（2）在仿真板中下载调试。

二、实训目的

（1）会编写八段数码管显示程序，会使用 Protues 运行程序。

（2）能掌握一维数组的应用。

（3）掌握动态显示的方法。

三、实训步骤

在 Proteus ISIS 中设计硬件电路

（1）创建新的设计项目。建议以文件名"1-3"保存在对应的文件夹下（"座位号＋姓名"）。

（2）利用关键字或分类检索的方法将电路原理图中需要的元器件挑选至对象选择列表，主要元件可参照表，然后依次选中并在设计区单击，放入电路图。

（3）从模型选择工具栏的终端（Terminal）模型中将地线端子（Ground）和电源端子（Power）放置到电路中。

（4）连接电路原理图（可参考课本的电路图）（附图 3）。

利用 MedWin 软件编写程序，调试。

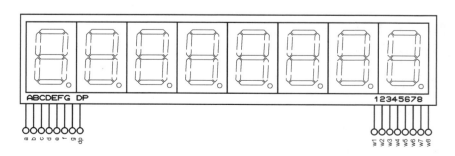

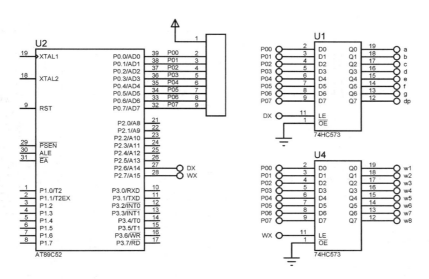

附图 3　在数码管上显示"HELLO"电路原理图

任务四　制作电子秒表

一、实训要求

（1）当第一次按下启动/暂停键时，秒表开始计时；当第二次按下启动/暂停键时，秒表暂停计时。当按下复位键时，秒表显示回零。计时精度为 1⁒秒。

（2）在仿真板中下载调试。

二、实训目的

（1）会写独立式按键与单片机接口的程序。

（2）能理解独立式按键与单片机接口的原理。

三、实训步骤

在 Proteus ISIS 中设计硬件电路。

（1）创建新的设计项目。建议以文件名"1-4"保存在对应的文件夹下（"座位号＋姓名"）。

（2）利用关键字或分类检索的方法将电路原理图中需要的元器件挑选至对象选择列表，主要元件可参照表，然后依次选中并在设计区单击，放入电路图。

（3）从模型选择工具栏的终端（Terminal）模型中将地线端子（Ground）和电源端子（Power）放置到电路中。

（4）连接电路原理图（可参考课本的电路图）（附图 4）。

利用 MedWin 软件编写程序，调试。

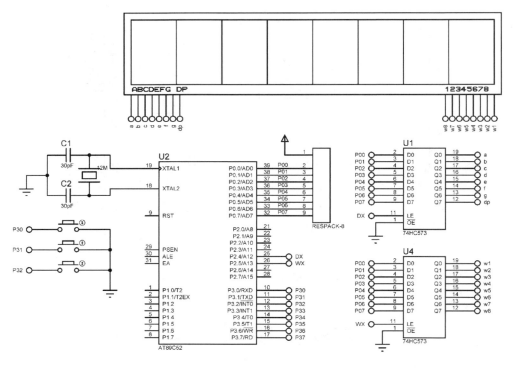

附图 4　电子秒表电路原理图

任务五　流　水　灯

一、实训要求

（1）仿照图在 Proteus 中绘制一个基于 89C51 的流水灯控制器电路。

（2）参照给出的程序，编写程序以改变 LED 闪烁频率和彩灯"流水"流动方向。

（3）在实训箱上搭接实训电路。

（4）利用仿真器将程序烧入芯片中，并调试。

二、实训目的

（1）学会使用 Proteus ISIS 绘制硬件电路图，掌握加载程序和仿真运行等基本操作。

（2）理解通过程序控制单片机的输入输出。

（3）掌握 WedWin 3.0 软件的启动方法和使用的基本步骤。

（4）了解编译过程中产生的不同类型的文件及其作用。

（5）掌握查看和修改 MCS-51 单片机内部资源的操作方法。

三、实训步骤

1. 在 Proteus ISIS 中设计硬件电路

（1）创建新的设计项目。建议以文件名"1-5"保存在对应的文件夹下（"座位号＋姓名"）。

（2）利用关键字或分类检索的方法将电路原理图中需要的元器件挑选至对象选择列表，主要元件可参照表，然后依次选中并在设计区单击，放入电路图。

（3）从模型选择工具栏的终端（Terminal）模型中将地线端子（Ground）和电源端子（Power）放置到电路中。

（4）连接电路原理图（附图 5），可参考图中单片机彩灯控制电路。

（5）将 lsd.hex 文件导入到单片机中进行仿真，观察现象。

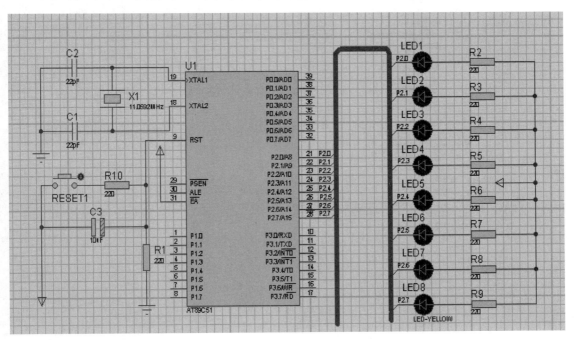

附图 5　流水灯电路原理图

2. 实训电路搭接

＊接线说明：P20～P27—D1～D8。

3. 程序（附图 6）

```
/*************************************************
 * 文件名称：lsd.c
 * 环境：WedWin 3.0
 * 修改记录：
 -------------------------------------------------
```

左移_crol_() 和右移_cror_() 都是移位函数。

使用时需要先加上头文件：

#include<intrins. h>

/***/

```c
#include "reg51.h"
#include "intrins.h"
#define uchar unsigned char //数据类型宏定义
#define uint unsigned int
/********************引脚定义********************/
#define out   P2
void delayms(uint);
/********************主函数********************/
void main(void)
{
uchar i,temp;
while(1)
    {
    temp=0xfe;
    for(i=0;i<8;i++)
        {
        out=temp;        //初始化P0口
        P1=temp;
        P0=temp;
        P3=temp;
        delayms(200); //延时
        temp=_crol_(temp,1);//循环左移1位．点亮下一个LED
        }
    }

}
/********************延时函数********************/
void delayms(uint j)
{
uchar i;
for(;j>0;j--)
    {
    i=250;
    while(--i);
    i=249;
    while(--i);
    }
}
```

附图6 流水灯程序

四、问题

① 如何改变流水灯的闪烁速度？

② 如何将其右循环？

任务六　EXP9 独立式键盘

一、实训要求

（1）仿照图在 Proteus 中绘制一个基于 89C51 的按键控制灯的输入与输出电路。

（2）参照给出的程序，编写程序通过按钮的动作来观察发光二极管的现象。

（3）在实训箱上搭接实训电路。

（4）利用仿真器将程序烧入芯片中，并调试。

二、实训目的

（1）学会使用 Proteus ISIS 绘制硬件电路图，掌握加载程序和仿真运行等基本操作。

（2）理解通过程序控制单片机 8 位输入输出与单位输入输出的异同。

（3）掌握 WedWin 3.0 软件的启动方法和使用的基本步骤。

（4）了解编译过程中产生的不同类型的文件及其作用。

三、实训步骤

1. 在 Proteus ISIS 中设计硬件电路

（1）创建新的设计项目。建议以文件名"1-6"保存在对应的文件夹下（"座位号＋姓名"）。

（2）利用关键字或分类检索的方法将电路原理图中需要的元器件挑选至对象选择列表，主要元件可参照表，然后依次选中并在设计区单击，放入电路图。

（3）从模型选择工具栏的终端（Terminal）模型中将地线端子（Ground）和电源端子（Power）放置到电路中。

（4）连接电路原理图（附图 7），可参考图中单片机彩灯控制电路。

2. 实训电路搭接

＊接线说明：P10～P17—D1～D8，P30～P37—K1～K8。

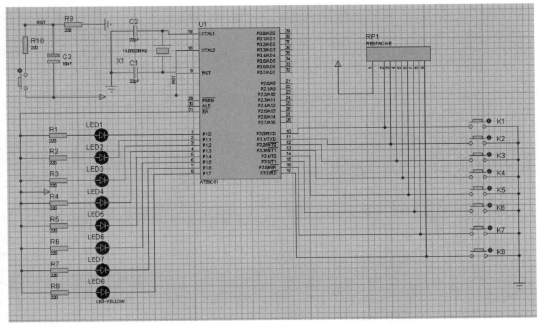

附图 7　EXP9 独立式键盘实训电路原理图

3. 程序（附图 8）

```
/ *******************************************************
* 文件名称：button. c
* 作者：
* 版本：V1. 00
* 环境：WedWin 3. 0
_____
* Descriptoon：独立按键，当有按键按下时，对应的 LED 亮。
* 接线说明：P10～P17—D1～D8，P30～P37—K1～K8。
*******************************************************/
```

```
#include "reg51.h"
#include "intrins.h"
#define uchar unsigned char      //数据类型宏定义
#define uint unsigned int
/********************引脚定义*******************/
#define in  P3      //P3做输入口
#define out  P1     //P1做输出口
/********************主函数*******************/
void main(void)
{
uchar i;
bit m;
while(1)
    {
     for(i=0;i<8;i++)
        {
        m=(in>>i)&0x01;   //判断输入
        if(m==0)out=_crol_(0xfe,i);
        }

    }

}
```

附图 8　EXP9 独立式键盘程序

四、问题

① 说明单片机 8 位输入输出与单位输入输出的异同。
② in＞＞i 的作用是什么？i＝5 时，m＝？

任务七　计　数　器

一、实训要求

（1）仿照图在 Proteus 中绘制一个基于 89C51 的按键控制的计数器电路。
（2）参照给出的程序，编写程序通过按钮的动作来观察数码管的显示。
（3）在实训箱上搭接实训电路。
（4）利用仿真器将程序烧入芯片中，并调试。

二、实训目的

（1）学会使用 Proteus ISIS 绘制硬件电路图，掌握加载程序和仿真运行等基本操作。

（2）掌握数码管的结构和使用方法。

（3）掌握 WedWin 3.0 软件的启动方法和使用的基本步骤。

（4）了解编译过程中产生的不同类型的文件及其作用。

三、实训步骤

1. 在 Proteus ISIS 中设计硬件电路

（1）创建新的设计项目。建议以文件名"1-7"保存在对应的文件夹下（"座位号＋姓名"）。

（2）利用关键字或分类检索的方法将电路原理图中需要的元器件挑选至对象选择列表，主要元件可参照表，然后依次选中并在设计区单击，放入电路图。

（3）从模型选择工具栏的终端（Terminal）模型中将地线端子（Ground）和电源端子（Power）放置到电路中。

（4）连接电路原理图（附图 9），可参考图中单片机彩灯控制电路。

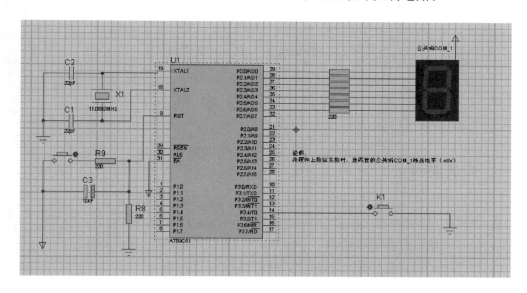

附图 9　计数器电路原理图

2. 实训电路搭接

＊接线说明：P00～P07—LA～LG ，P34—K1。

数码管的公共端接高电平（＋5V）。

3. 程序（附图 10）

`/*****************************************************`

* 文件名称：Timer. c

* 环境：WedWin 3.0

* 修改记录：

**/

```c
#include "reg51.h"
#include "intrins.h"
#define uchar unsigned char   //数据类型宏定义
#define uint unsigned int
/*******************引脚定义******************/
#define out   P0
uchar code seg[]={0xc0,0xf9,0xa4,0xb0,0x99,0x92,0x82,0xf8,0x80,0x90,0x01};
/*******************主函数******************/
void main(void)
{
TMOD=0X05;  //定时计数器初始化
TH0=0;
TL0=0;
TR0=1;      //启动计数
while(1)
    {
    out=seg[TL0%10];//显示
    }

}
```

附图 10　计数器程序

四、问题

① 画出共阳数码管的内部电路。

② 数码管显示 "8"，共阳的段码是多少？共阴的段码是多少？

任务八　外 部 中 断

一、实训要求

（1）仿照图在 Proteus 中绘制一个基于 89C51 的定时器电路。

（2）参照给出的程序，编写程序通过按钮的动作来观察发光二极管的显示。

（3）在实训箱上搭接实训电路。

（4）利用仿真器将程序烧入芯片中，并调试。

二、实训目的

（1）学会使用 Proteus ISIS 绘制硬件电路图，掌握加载程序和仿真运行等基本操作。

（2）掌握数码管的结构和使用方法。

（3）掌握 WedWin 3.0 软件的启动方法和使用的基本步骤。

（4）掌握外部中断及设置。

（5）了解编译过程中产生的不同类型的文件及其作用。

三、实训步骤

1. 在 Proteus ISIS 中设计硬件电路

（1）创建新的设计项目。建议以文件名"1-8"保存在对应的文件夹下（"座位号＋姓名"）。

（2）利用关键字或分类检索的方法将电路原理图（附图 11）中需要的元器件挑选至对象选择列表，主要元件可参照表，然后依次选中并在设计区单击，放入电路图。

（3）从模型选择工具栏的终端（Terminal）模型中将地线端子（Ground）和电源端子（Power）放置到电路中。

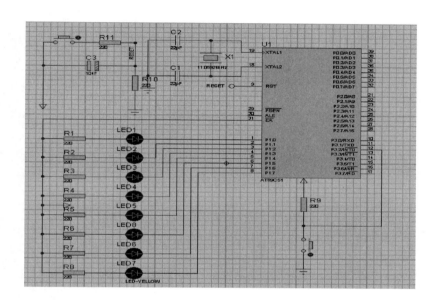

附图 11　外部中断实验电路原理图

2. 实训电路搭接

＊接线说明：P10～P17—D1～D8，P32—K1。

3. 程序（附图 12）

```
/ ***************************************************
* 文件名称：ex_int. c
* 环境：WedWin 3.0
* 修改记录：
————————————————————————————————
* Descriptoon：外部中断，当外部有中断请求时，LED 流水
*              运动，没有中断，LED 闪烁
***************************************************/
```

```
#include "reg51.h"
#include "intrins.h"
#define uchar unsigned char     //数据类型宏定义
#define uint unsigned int
/*****************引脚定义*******************/
#define out P1
void delayms(uint);
/*******************主函数*******************/
void main(void)
{
IE=0X91;              //开总中断和外中断0,电平触发
out=0;
while(1)
    {
    delayms(200);
    out=~out;          //LED取反
    }
}
/*****************中断处理函数*****************/
void ex_int0()interrupt 0
{
uchar i,temp;
temp=0x7f;
for(i=0;i<8;i++)
    {out=temp;
     delayms(200);
     temp=_cror_(temp,1);//右移一位
    }
out=0xff;
}
/*******************延时函数*******************/
void delayms(uint j)
{
uchar i;
for(;j>0;j--)
    {i=250;
     while(--i);
     i=249;
     while(--i);
    }
}
```

附图 12　外部中断实验程序

四、问题

IE＝0X91 是什么意思？

任务九　多个中断

一、实训要求

（1）仿照图在 Proteus 中绘制一个基于 89C51 的中断电路。

（2）参照给出的程序，编写程序通过按钮的动作来观察发光二极管的状态。

（3）在实训箱上搭接实训电路。

（4）利用仿真器将程序烧入芯片中，并调试。

二、实训目的

（1）学会使用 Proteus ISIS 绘制硬件电路图，掌握加载程序和仿真运行等基本操作。

（2）掌握数码管的结构和使用方法。

（3）掌握 WedWin 3.0 软件的启动方法和使用的基本步骤。

（4）掌握外部中断、定时器中断设置。

（5）了解编译过程中产生的不同类型的文件及其作用。

三、实训步骤

1. 在 Proteus ISIS 中设计硬件电路

（1）创建新的设计项目。建议以文件名"1-9"保存在对应的文件夹下（"座位号＋姓名"）。

（2）利用关键字或分类检索的方法将电路原理图（附图 13）中需要的元器件挑选至对象选择列表，主要元件可参照表，然后依次选中并在设计区单击，放入电路图。

（3）从模型选择工具栏的终端（Terminal）模型中将地线端子（Ground）和电源端子（Power）放置到电路中。

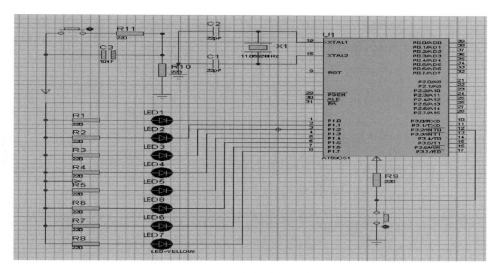

附图 13　多个中断实验的电路原理图

2. 实训电路搭接

＊接线说明：P10～P17—D1～D8，P32—K1。

3. 程序（附图 14）

```
/****************************************************
* 文件名称：more_int. c
* 环境：WedWin 3.0
* 修改记录：
_____
* Descriptoon：多个中断，定时器定时 1s，外部中断等
****************************************************/
```

```
#include "intrins.h"
#define uchar unsigned char      //数据类型宏定义
#define uint unsigned int
/*******************引脚定义*****************/
#define out P1
#define cnt 65536-10000
#define t_cnt 100
void delayms(uint);

uchar time,temp;
/*******************主函数*****************/
void main(void)
{
IE=0x93;          //开总中断、外中断0和定时器0中断,外中断电平触发
TMOD=0x01;
TH0=cnt/256;
TL0=cnt%256;
TR0=1;
out=0;
temp=0xfe;
time=t_cnt;
while(1);
}
/****************外部中断处理函数***************/
void ex_int0()interrupt 0
{
uchar i=10;
out=0;
while(i>0)
    {
    delayms(200);
    out=~out;
    i--;
    }
}
/****************定时器处理函数***************/
void timer0()interrupt 1
{
TH0=cnt/256;
TL0=cnt%256;
time--;
if(time==0)out=temp,temp=_crol_(temp,1),time=t_cnt;
}
/*******************延时函数*****************/
void delayms(uint j)
{
uchar i;
for(;j>0;j--)
    {i=250;
     while(--i);
     i=249;
     while(--i);
    }
}
```

附图 14　多个中断的程序

四、问题

IE＝0X91 是什么意思？

参考文献

［1］ 邱文棣. 单片机应用技术［M］. 北京：化学工业出版社，2013.

［2］ 王静霞，杨宏丽，刘俐. 单片机应用技术［M］. 4 版. 北京：电子工业出版社，2019.

［3］ 迟忠君，赵明. 单片机应用技术项目式教程：Proteus 仿真＋实训电路［M］. 北京：北京邮电大学出版社，2019.

［4］ 陈海松. 单片机应用技能项目化教程［M］. 北京：电子工业出版社，2012.

［5］ 郭天祥. 新概念 51 单片机 C 语言教程：入门、提高、开发、拓展全攻略［M］. 北京：电子工业出版社，2018.

［6］ 倪志莲. 单片机应用技术［M］. 北京：北京理工大学出版社，2012.

［7］ 张义和，王敏男，许宏昌，等. 例说 51 单片机（C 语言版）［M］. 北京：人民邮电出版社，2010.

［8］ 杜洋. 爱上单片机［M］. 北京：人民邮电出版社，2011.

［9］ 李明，毕万新. 单片机原理与接口技术［M］. 3 版. 大连：大连理工大学出版社，2009.

［10］ 范洪刚. 51 单片机自学笔记［M］. 北京：北京航空航天大学出版社，2010.